一本书玩转 Midjourney

朱铁斌 Jamin 江天◎等著

人人都可以体验AI绘画的魅力

電子工業出版社
Publishing House of Electronics Industry
北京•BEIJING

内 容 简 介

本书是一本关于 Midjourney 的详细教程，旨在帮助读者了解和掌握 Midjourney 的基本操作和高级应用。本书共分为 5 章，内容涉及从初识 Midjourney 到实际应用的全过程。

第 1 章主要介绍 Midjourney 的基本概念、功能，以及 Prompt 的基本结构和参数。同时，本章还将指导读者注册 Discord 平台的账号，并完成 Midjourney 的基本配置。第 2 章通过实际案例引导读者探索 Prompt 的使用技巧，同时详细介绍了 Midjourney 的基本操作。第 3 章重点介绍了生成人像、场景和静物等图片的技巧。第 4 章深入探讨了如何在作品中运用艺术大师的技巧、艺术风格、光影、视角和构图，以及如何体现材料的质感等。第 5 章通过平面设计、服装设计、应用设计、工业设计和建筑设计 5 个场景，展示了 Midjourney 在不同领域中的应用。

本书适用于 Midjourney 初学者、艺术爱好者和专业设计师，详细介绍了 Prompt 的用法，提供了丰富的案例，帮助他们提高创作技巧。

图书在版编目（CIP）数据

一本书玩转 Midjourney：人人都可以体验 AI 绘画的魅力 / 朱铁斌等著. 一北京：电子工业出版社，2023.8
ISBN 978-7-121-46053-1

Ⅰ. ①一… Ⅱ. ①朱… Ⅲ. ①图像处理软件－教材 Ⅳ. ①TP391.413

中国国家版本馆 CIP 数据核字（2023）第 142022 号

责任编辑：石　悦
印　　刷：天津千鹤文化传播有限公司
装　　订：天津千鹤文化传播有限公司
出版发行：电子工业出版社
北京市海淀区万寿路 173 信箱　　邮编：100036
开　　本：787×1092　1/16　印张：17　字数：359 千字
版　　次：2023 年 8 月第 1 版
印　　次：2023 年 8 月第 1 次印刷
定　　价：139.00 元

凡所购买电子工业出版社图书有缺损问题，请向购买书店调换。若书店售缺，请与本社发行部联系，联系及邮购电话：（010）88254888，88258888。

质量投诉请发邮件至 zlts@phei.com.cn，盗版侵权举报请发邮件至 dbqq@phei.com.cn。

本书咨询联系方式：faq@phei.com.cn。

前 言

2022 年 3 月，Midjourney 上线，将 AI 绘画首次带入了人们的日常生活，带来了文本生成图片的新一轮 AIGC（Artificial Intelligence Generated Content，人工智能生成内容）热潮。借助 AI 的能力，人们只需要输入文字描述（提示词）就可以让 AI 绘画工具生成对应的图片。绘画对于普通人来说已经不再是一件需要长时间学习才能做到的事情。对于专业人士来说，Midjourney 也可以大大地提高他们的创作效率，在诸如室内设计、建筑设计、服装设计和 UI（用户交互）设计等各个领域中都发挥了极大的作用。Midjourney 给我们打开了一扇窗，让我们可以通过一句句文字"咒语"画出心中所想。当然，如何用好提示词是一门大学问。最基础的是掌握 Midjourney 的绘画命令和特定的参数。要想生成不同的图片（比如不同的人物、不同的姿势、不同的场景、不同的风格和表现形式）就需要使用不同的提示词。提示词用得是否准确，直接决定了图片的生成效果和质量。

随着 AIGC 的迅速发展和走红，越来越多的人想要了解并尝试使用这一神奇的 AI 绘画工具，但目前市面上一直缺乏这样一本可以让普通人和专业人士都能快速上手，并在体验和实战中深入学习相关的 AI 绘画技巧的 Midjourney 实操教程。2023 年 4 月，我受到电子工业出版社博文视点公司石悦编辑的邀请，决定编写一本关于 Midjourney 的实操类书，想要通过这本书让更多的人体会 AI 绘画的独特魅力。在正式确定选题后，我邀请了其他几位作者一同参与本书的编写，有的作者是在国内创业多年的连续创业者，有的作者是从国外名校毕业，在国外知名企业工作的人。我们在一起头脑风暴，确定了全书的目录，并选择了各自擅长的部分进行编写。

我们正身处一场 AI 范式转移的革命中，很多人都担心 AI 应用会取代人的工作，但实际上最终的结果是会用 AI 应用的人取代那些不会用 AI 应用的人。在艺术创作领域，AI 应用将人类从烦琐的动手工作中解放出来，让人类更专注于创意的挖掘与提炼。随着

Midjoureny 这类工具的快速迭代，人们的生产和生活将发生巨大的变化。本书专注于“玩转”这两个字，结合大量生动的比喻和好玩的案例，真正教大家通过“玩”的方式上手 Midjourney 实操。希望本书可以让更多的人参与这场 AI 带来的技术革命，将人的创造力通过语言描述的方式赋予机器，让机器了解人、帮助人，从而与人一同走进智能生成的新时代。

本书由朱铁斌、Jamin 和江天负责统筹撰写，其他参与撰写的人员还有许子正、李啟濰，具体分工如下：朱铁斌撰写了第 1 章、5.1 节、5.3 节；江天撰写了第 4 章和 5.4 节；Jamin 撰写了第 3 章和 5.2 节；许子正撰写了第 2 章和附录；李啟濰撰写了 5.5 节。此外，张国强、Crystal 对本书的撰写亦有贡献。在本书的撰写过程中，非常感谢石悦编辑的大力支持和帮助，同时也感谢电子工业出版社其他参与本书出版的老师们。

目录

第 1 章

初识 Midjourney

M I D J O U R N E Y

1.1 Midjourney 的简介

1.1.1 Midjourney 的发展史

Midjourney 是一款在 2022 年 3 月发布的文本生成图片应用，基于 Discord 这个社交平台使用。用户可以在 Discord 平台上通过@机器人的方式实现图片的生成。与开源的 Stable Diffusion 不一样，Midjourney 是一款闭源的商业化应用产品。这就要求 Midjourney 做得足够简单易用，从而更好地面向更广大的终端用户。用户只需要输入较短的 Prompt（提示词）即可生成高质量的图片，这一点深受 C 端娱乐用户和专业设计人员的喜爱。截至 2023 年 5 月，Midjourney 发布了第 5 版，已经拥有了超过 1000 万个用户，获得了超过 1 亿美元的营收。

Midjourney 的创始人 David Holz 是一名连续创业者，曾经是 Leap Motion 的联合创始人。他认为，人工智能（Artificial Intelligence，AI）并不是现实世界的复制，而是人类想象力的延伸。因此，Midjourney 的产品定位充满着科幻色彩。另外，Midjourney 的团队规模非常小，只有 11 个人，但他们在产品研发能力和营销推广上都做得非常不错。从整个 AI 产品生态来看，Midjourney 是其中的集大成者，无论是底层的模型、数据，还是上层的应用，都被囊括了进来。Midjourney 一方面通过自研底层模型构建技术壁垒，另一方面直接面向终端用户，超过 1000 万个用户源源不断地带来了使用反馈和生成数据，进一步优化了底层模型，形成了非常强劲的增长飞轮。

Midjourney 的发展速度很快，其使用的模型经历了多次迭代，在对文本的理解和生成细节方面越来越好。图 1-1 所示为从使用第 1 版（version 1，V1）模型到使用第 3 版（version 3，V3）模型生成鲜花图片的效果演变，在真实感和细节的丰富度上都有非常大的提高。

到了使用第 4 版（version 4，V4）模型时，Midjourney 官方推出了 4a、4b 和 4c 三种不同风格的模型，默认使用 4c 风格的模型进行生成。图 1-2 所示为分别使用 4a、4b 和 4c 三种不同风格的模型生成的图片。

图 1-1

图 1-2

使用第 5 版（version 5，V5）模型生成的单图的分辨率提高到了 1024px×1024px，能够生成更加真实和清晰的图片，原来被人诟病的无法生成正常手指的问题已经得到解决。另外，对于真实名人的图片生成效果也有了重大的飞跃。图 1-3 所示为 V5 的官方效果图。

图 1-3

除了常规版本，Midjourney 官方还和 Spellbrush 公司一起开发了一个使用 Niji 模型的特殊版本，用于生成动漫类图片。Niji 模型在动漫人物的造型表现力和色彩使用上都已经有了接近真人绘画的水平。图 1-4 所示为使用 Niji 模型生成的官方效果图。

图 1-4

小结

本节主要介绍了 Midjourney 的基本情况，包括发展的过程和版本的迭代。

1.1.2 Midjourney 有哪些功能

Midjourney 具有哪些功能呢？其最核心的功能肯定就是使用“/imagine”（想象）命令生成图片的功能。如果想要将两张图片的内容融合在一起，那么可以使用“/blend”（混合）命令，另外还有“/fast”（快速）和“/relax”（闲置）这两个图片生成命令，但只有付费用户才能使用“/relax”命令生成图片。在这一命令下生成图片不需要消耗算力。“/info”（信息）命令可以用于查看账户信息，“/ask”（提问）命令则可以用于咨询问题。图 1-5 所示为 Midjourney 的命令列表。

这里着重介绍一下“/settings”（配置）命令。这个命令是用于配置默认选项的。配置页面（如图 1-6 所示）的第一行和第二行是版本设置选项，我们可以选择默认生成图片所使用的 Midjourney 模型。第三行是对图片质量的配置选项，不同的配置决定了图片对应的表现细节。第四行是风格设置选项，在 1.2.1 节中会详细介绍。第五行是隐私和生成模式设置选项，有些模式设置选项需要专业版订阅才可以使用。

图 1-5

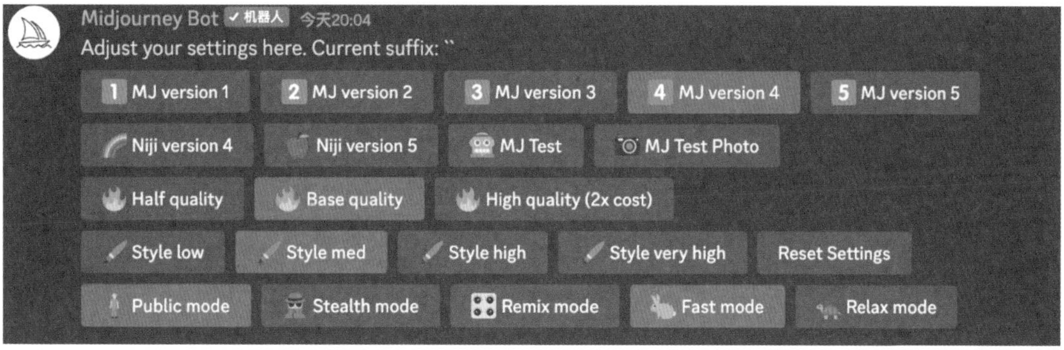

图 1-6

另外，Midjourney 的很多功能是订阅后才能使用的，比如生成不公开的图片等。Midjourney 关闭了免费体验模式，因此想要付费订阅的用户就一定要使用“/subscribe”（订阅）命令。在订阅后会出现一个网页链接，在这个网页中即可完成付费订阅。

最后，介绍一下“/describe”（描述）命令。图 1-7 所示为“/describe”命令页面。使用这个命令可以根据用户上传的图片生成四个 Prompt，用户选择对应的 Prompt 后就可以根据这个 Prompt 生成新的图片。这个功能可以帮助我们快速解析图片，并通过 Prompt 微调来生成想要的图片，同时也非常适合初学者通过现有的图片来学习如何写出更好的 Prompt。

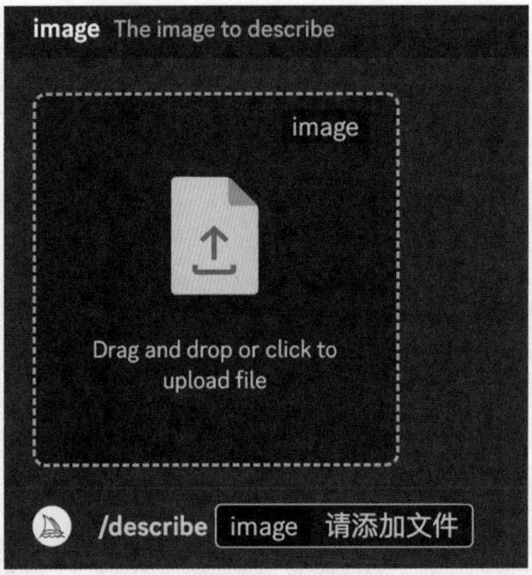

图 1-7

小结

本节主要介绍了 Midjourney 的基本功能和常用命令，特别是“/describe”命令，可以帮助新手根据已有的图片快速地生成想要的图片。

1.1.3 Midjourney 的套餐

1.1.2 节提到了使用“/subscribe”命令进行付费订阅。目前，Midjourney 提供了三种付费套餐，分别是 10 美元/月的基础版、30 美元/月的标准版和 60 美元/月的专业版，对应的功能不太一样，你可以根据自己的需要选择。除了这 3 个付费套餐，Midjourney 还会不定期提供免费使用的套餐。另外，付费用户生成的图片的版权都属于创作者。Midjourney 的套餐如图 1-8 所示。

Midjourney 套餐的使用时间的计算依据是 GPU 的使用时间，因为生成图片主要消耗的就是 GPU 的成本，所以用户的使用时间也以此来计算。把基础版提供 3.3 小时/月的使用时间换算成具体的图片数量大概是 200 张，生成单张图片的时间与图片的内容和质量有很大的关系。另外，我们可以从图 1-8 中看到，标准版和专业版附带了一个“Relax GPU Time Per Month”模式，也就是之前提到的“/relax”命令模式，在这个模式下生成的次数对标准版和专业版用户来说是无限的，但生成速度会变慢，大概需要 10 分钟。

对于专业版用户来说，还有一个特别的模式就是“Stealth Mode”（隐私模式）。在这个模式下生成的图片是不公开的。对于订阅用户来说，Midjourney 还提供了免费赚取更多 GPU 使用时间的方式。用户可以在“Rank Pairs”页面中（如图 1-9 所示）对不同的图片进行评分，每天评分次数最多的 2000 人可以获得 1 小时的 GPU 使用时间，有效期为 30 天。

	Free Trial	Basic Plan	Standard Plan	Pro Plan
Monthly Subscription Cost	-	$10	$30	$60
Annual Subscription Cost	-	$96 ($8 / month)	$288 ($24 / month)	$576 ($48 / month)
Fast GPU Time	0.4 hr/lifetime	3.3 hr/month	15 hr/month	30 hr/month
Relax GPU Time Per Month	-	-	Unlimited	Unlimited
Purchase Extra GPU Time	-	$4/hr	$4/hr	$4/hr
Work Solo In Your Direct Messages	-	✓	✓	✓
Stealth Mode	-	-	-	✓
Maximum Queue	3 concurrent Jobs 10 Jobs waiting in queue	3 concurrent Jobs 10 Jobs waiting in queue	3 concurrent Jobs 10 Jobs waiting in queue	12 concurrent Fast Jobs 3 concurrent Relaxed Jobs 10 Jobs waiting in queue
Rate Images to Earn Free GPU Time	-	✓	✓	✓
Usage Rights	CC BY-NC 4.0	General Commercial Terms*	General Commercial Terms*	General Commercial Terms*

图 1-8

图 1-9

小结

本节主要介绍了 Midjourney 的使用套餐及相应的价格和计费方式，同时还介绍了订阅用户获取免费 GPU 使用时间的方法。

1.2 使用 Midjourney 的咒语：Prompt

1.2.1 Prompt 的基本结构和参数

在 Midjourney 中使用的生成图片的 Prompt 由三个部分组成，分别是 Image Prompts（图片提示词）、Text Prompt（文本提示词）和 Parameters（参数），如图 1-10 所示。Image Prompts 适用于根据某张图片或者将多张图片融合在一起生成图片。用户可以将图片上传到 Discord 平台然后将地址复制到"Image Prompt"上面的文本框中作为参考内容的 Prompt。Text Prompt 则是文字部分，用户可以在它上面的文本框中输入想要生成的图片的文字描述。

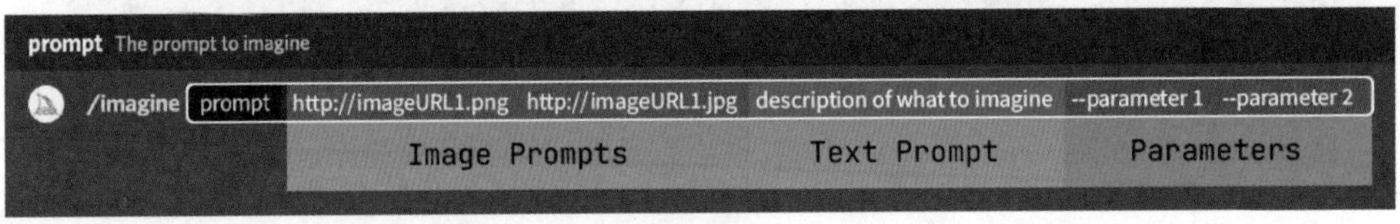

图 1-10

Parameters 则是生成图片的各种参数，常见的有"--ar"（用于设置图片的宽高比，比如 2∶3、16∶9 等）、"--chaos"（可以用来设置图片的变化程度，可以设置 0 到 100 的数值，数值越大，生成的图片越天马行空，如果想要更贴近现实的图片，那么可以把数值设置为 0）、"--no"（可以用来减少生成的图片中不想出现的元素，比如使用"--no texts"就可以减少文字元素）、"--seed"（可以用来设定类似结果图片的数值，用同一个 seed 值可以生成类似风格的图片）。除了这些基本参数，还可以设置模型相关的参数。比如，"--niji"可以用来生成动漫风格的图片，"--hd"可以用来生成抽象图和风景图，"--test"可以用来调用 Midjourney 的特殊测试模型，"--testp"可以用来调用摄影风格的特殊测试模型。另外，Midjourney 还有风格化程度的参数"--stylize"，这个值越大，与 Prompt 的关联度越低，相应的艺术性越高；这个值越小，与 Prompt 的关联性越高，但相应的艺术性越低。V5 模型中默认的参数值如图 1-11 所示。

Default Values (Model Version 5)

	Aspect Ratio	Chaos	Quality	Seed	Stop	Stylize
Default Value	1:1	0	1	Random	100	100
Range	any	0–100	.25 .5, or 1	whole numbers 0–4294967295	10–100	0–1000

• Aspect ratios greater than 2:1 are experimental and may produce unpredicatble results.

图 1-11

小结

本节主要介绍了 Prompt 的基本结构和常见的参数，想要了解更多的最新参数可以访问 Midjourney 官网。

1.2.2　利用工具生成 Prompt

你在看完对 Prompt 的介绍后是不是仍然不知道如何使用？没关系，我们可以借助 MidJourney Prompt Helper 这款工具快速地生成对应效果的 Prompt。在 MidJourney Prompt Helper 网站最上方的提示框中可以输入 Text Prompt，比如“A boy is standing on the moon”（一个男孩站在月球上），完成输入后可以看到下方白色的 Prompt 生成栏中已经有生成好的 Prompt 了。接下来，我们可以点击“Styles”（风格）、“Lighting”（光线）、“Camera”（相机）、“Artists”（艺术家）、“Colors”（颜色）等选项来选择喜欢的风格。每个选项都有对应的样例可以参考，以便用户快速找到自己想要的 Prompt。在选择完成后，我们可以看到选项上方的 Prompt 生成栏中已经自动填好了对应的参数，直接点击“Copy Prompt”（复制提示词）按钮复制这个 Prompt 到 Midjourney 群组中，即可开始生成，如图 1-12 所示。

图 1-13 所示为最终生成的效果，是不是很轻松就生成了自己想要的 Text Prompt？除了生成 Text Prompt，MidJourney Prompt Helper 还支持上传想要参考的图片，并自动将这张图片的 URL（Uniform Resource Locator，统一资源定位符）放到 Image Prompts 中。同时，如果你想避免某些元素在图片中出现，就只需要在最下方的输入框中输入对应的单词。以上是简单的 Prompt 生成教程，Midjourney 的可玩性十分丰富，得益于 Midjourney 的社群特性，大家在公开群组中生成的 Prompt 也都是公开的。初学者可以从中找到自己喜欢的风格的图

片的 Prompt，并在此基础上修改。另外，还有很多 Lexica.art 这样的 Prompt 数据平台可以帮助你快速地找到自己想要的 Prompt。

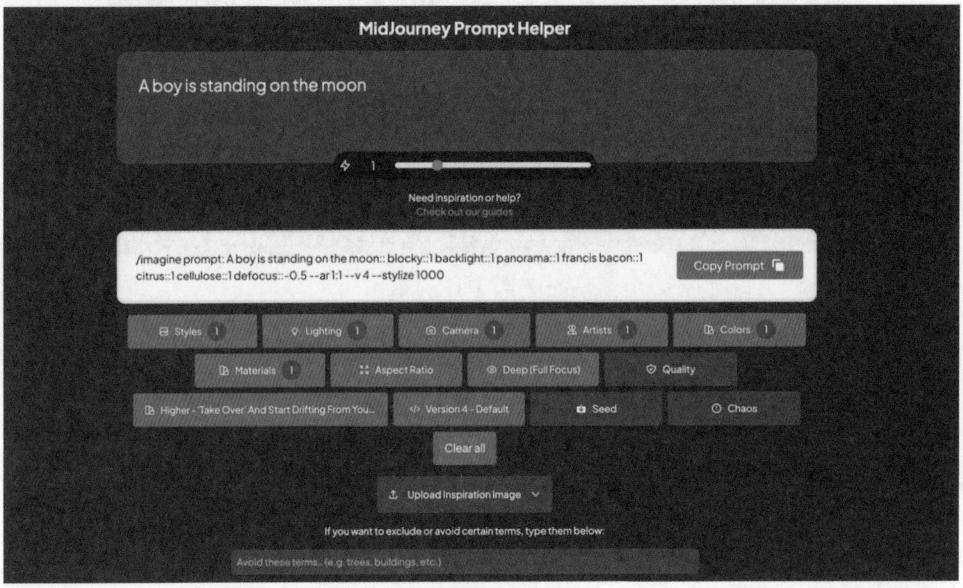

图 1-12

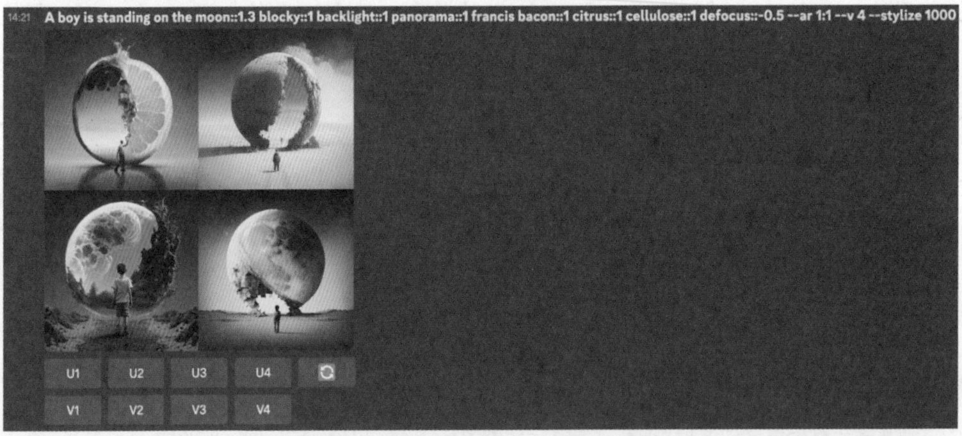

图 1-13

小结

本节主要介绍了如何利用外部工具来辅助生成 Prompt，除了文中提到的 MidJourney Prompt Helper 这款工具，还有 OPS、AI Dawnmark 和 Prompt Hero 等工具。

1.3 上手使用 Midjourney

1.3.1 注册并加入 Midjourney 群组

打开 Midjourney 官网（如图 1-14 所示），然后点击右下角的“Join the Beta”按钮注册并登录。由于 Midjourney 并不是一个独立的应用，而是运行在 Discord 平台的群组社区里的应用，因此我们需要先注册一个 Discord 平台的账号。

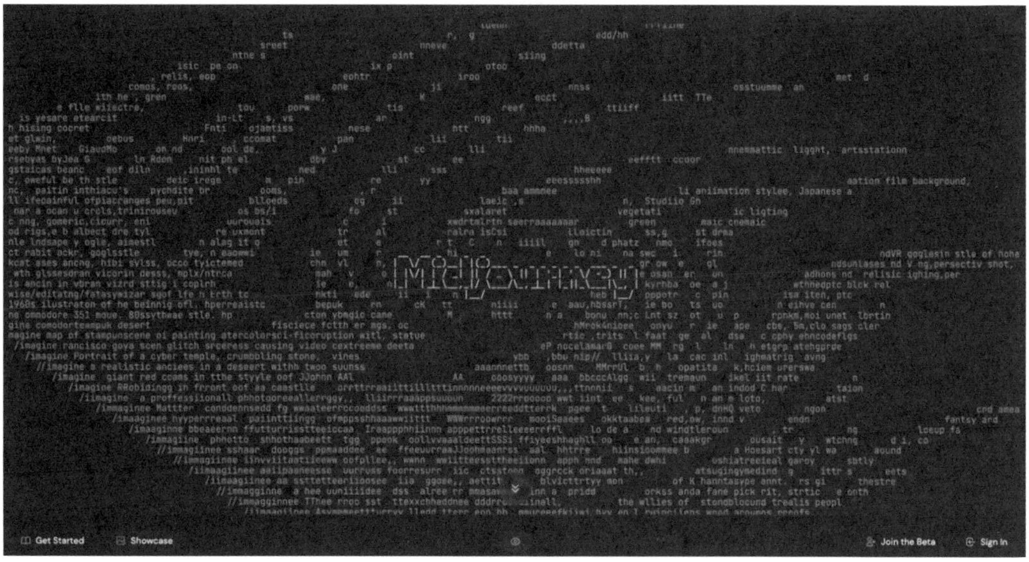

图 1-14

在 Discord 平台的账号注册页面中（如图 1-15 所示），输入电子邮件、用户名、密码和出生日期等信息后，点击“继续”按钮，接下来只需要完成邮箱验证就注册成功了。

在完成 Discord 平台的账号注册后，重新回到 Midjourney 官网，点击右下角的“Join the Beta”按钮，点击“接受邀请”按钮加入 Midjourney 的群组，即可开始使用。下面介绍一下 Midjourney 群组页面的基本布局和相关的操作。如图 1-16 所示，最左侧的是群组栏，在这里会显示当前已经加入的群组，我们现在只加入了 Midjourney 一个群组，因此只需要选择默认的即可。展开 Midjourney 群组栏后可以看到该群组下不同的频道，有 INFO（信息）、SUPPORT（支持）、NEWCOMER ROOMS（新手房间）等。在右侧占据页面大部分的是对应频道的聊天记录，最下方的是一个输入框。要让 Midjourney 生成图片，我们需要进入 NEWCOMER ROOMS 下的任意频道，进入这些频道后可以看到其他用户以前输入的 Prompt 及生成的对应图片。我们可以在输入框中，输入相应的 Prompt 让 Midjourney 生成对应的图片。

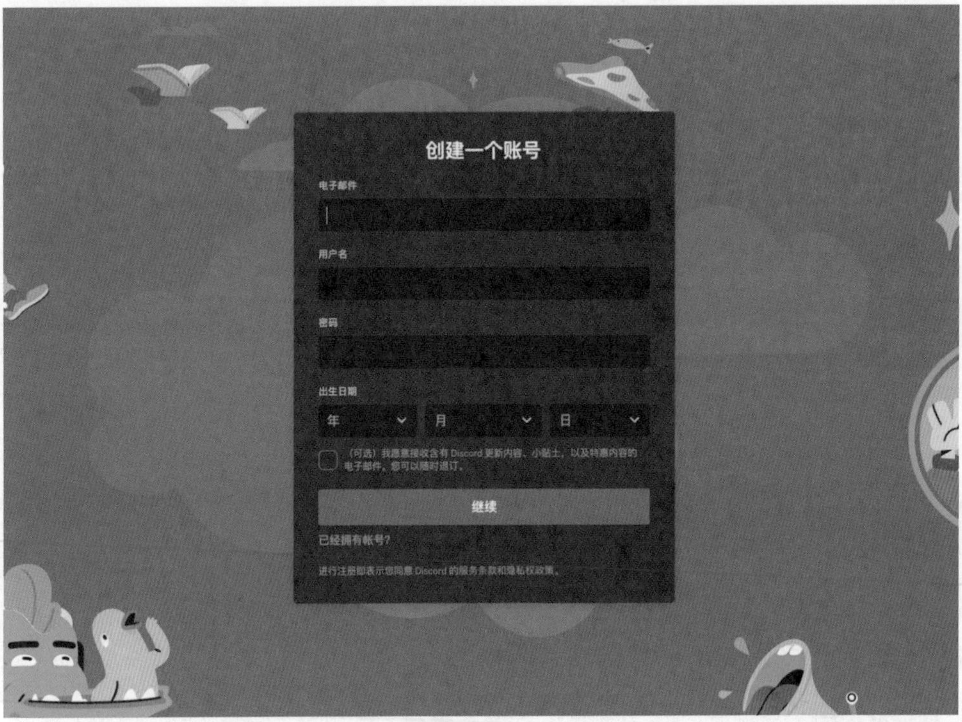

图 1-15

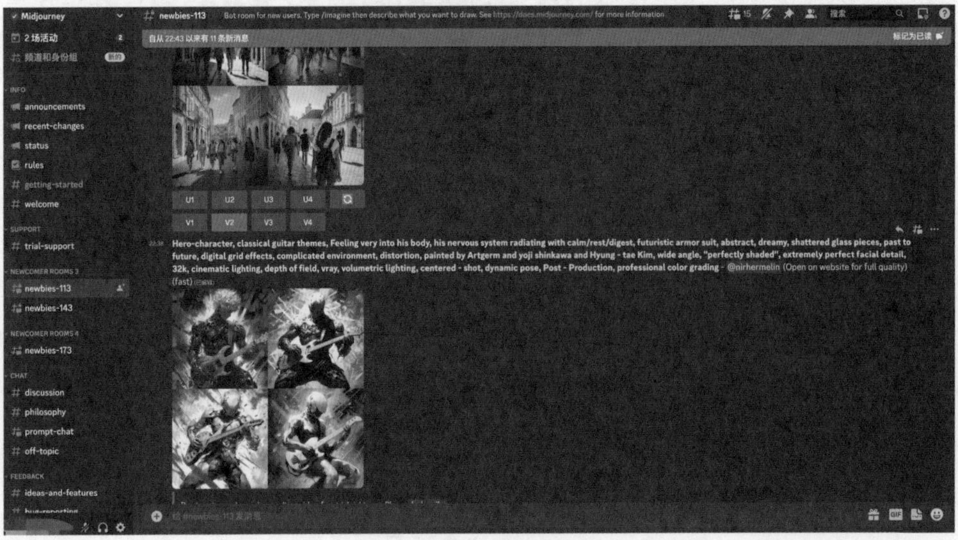

图 1-16

小结

本节主要介绍了如何注册 Discord 平台的账号，并加入 Midjourney 群组。对于新手来说，在进入 Midjourney 群组后，可以在公共频道中多看一些其他人写的 Prompt 和生成的图片，并挑选自己喜欢的风格，仿照着开始学习。

1.3.2　第一次使用 Midjourney

在 1.3.1 节中介绍了 Midjourney 的基本操作，接下来就让我们来生成一张图吧。如图 1-17 所示，在输入框中输入“/”，然后在出现的命令提示菜单中选择“/imagine”命令，在 Prompt 文本框中输入想要 Midjourney 作画的内容。需要注意，Midjourney 目前还不支持中文输入，因此你需要用英文的 Prompt 才能让它工作。如果你不太熟悉英文，那么可以试试在 ChatGPT 里用中文 Prompt 让它生成英文的作图 Prompt。

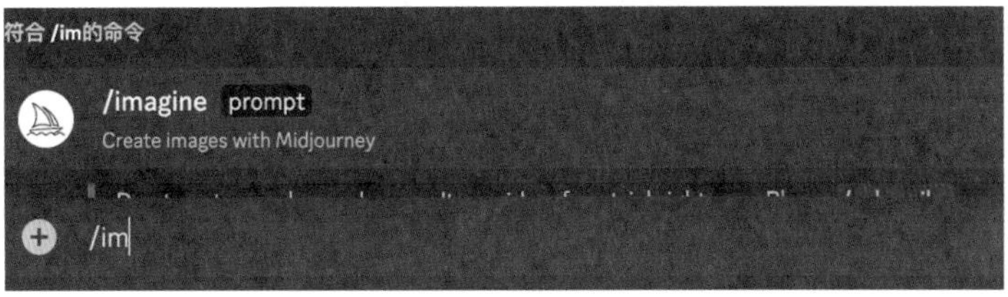

图 1-17

笔者在 Prompt 文本框中输入了“Apple and banana”（苹果和香蕉）这样一组简单的 Prompt，然后点击回车键，等待 1 分钟后得到了图 1-18 所示的 4 张图片。如果是首次使用，那么会出现一个是否同意使用条款的提示，在确认同意之后，Midjourney 才会继续生成图片。在生成的图片的下方有 3 种类型的按钮，其中“U”（Upscale）代表提升分辨率、“V”（Variation）代表以该图片为基准生成变体，“”代表重新生成，“U”和“V”后面的数字对应上面生成的 4 张不同的图片。数字“1”代表第一排左边的图片，数字“2”代表第一排右边的图片，数字“3”代表第二排左边的图片，数字“4”代表第二排右边的图片。

笔者选择提高第一张图片的分辨率来生成最终的图片。点击“U1”按钮后，稍等 1 分钟即可看到生成的高清成品图，如图 1-19 所示。在新生成的图片下方还会出现 4 个按钮，分别是“Make Variations”（以这张图片为基准生成变体图片）、“Light Upscale Redo”（对这张图片进行微调后重新生成）、“Bate Upscale Redo”（对这张图片进行大调整后重新生成）和“Web”（在浏览器的网页中打开这张图片，方便保存）。如果你对这张图片满意，那么点击大图，即可保存并使用。

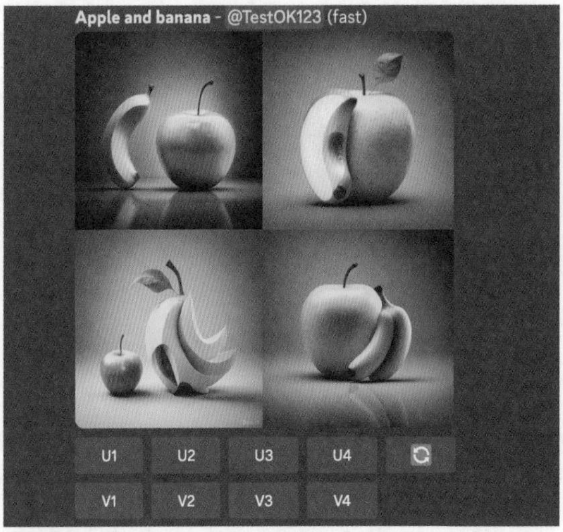

图 1-18

图 1-19

小结

本节主要介绍了第一次使用 Midjourney 的操作流程，并用实际案例演示了 Midjourney 的生成效果。

第 2 章

Midjourney 沉浸式初体验

M I D J O U R N E Y

2.1 打磨完善 Prompt

现在你想象一下你是一位娱乐领域的自媒体人，在发布的下一篇文章中需要用一张豪华住宅的图片来匹配内容，但是你没有富豪朋友可以让你去拍他的房子，使用网上的图片又有版权问题。所以，你想到了可以使用 Midjourney 来生成一张图片。

你不知道富豪的房子是什么样的，只是在电视剧或者电影里见过，只知道是大房子，还带游泳池。于是，你先尝试使用以下简单的 Prompt。

Prompt: mansion with a swimming pool --seed 42（带游泳池的豪宅）

Midjourney 生成了如图 2-1 所示的图片。

图 2-1

你觉得这样不行，感觉缺少了什么，不符合文章内容的调性。因此，你想到了可以把文章内容加进来，使画面更加具体化。于是，你使用了以下 Prompt。

Prompt: stunning 3-story modern mansion with a pool showcasing amazing architecture. The house has a modern, sleek design with clean lines, sharp angles, and floor-to-ceiling windows that offer stunning views of the surrounding landscape（令人惊叹的 3 层现代豪宅，带游泳池，展示令人惊叹的建筑。这个房子采用现代时尚的设计，线条简洁，棱角分明，透过落地窗可以欣赏周围美丽的景色）

Midjourney 生成了如图 2-2 所示的图片。

图 2-2

这个调性与文章内容开始接近了。你觉得这幅图越来越像样了，于是决定把其他的细节也加进来，使用了以下 Prompt。

Prompt: stunning 3-story modern mansion with a pool showcasing amazing architecture. The house has a modern, sleek design with clean lines, sharp angles, and floor-to-ceiling windows that offer stunning views of the surrounding landscape, surrounded by lush greenery and towering trees, with a gentle breeze carrying the sweet fragrance of blooming flowers. The mood is tranquil and serene, with a sense of luxury and relaxation. The atmosphere is peaceful, with a hint of excitement and anticipation. The lighting is warm, with soft, golden hues that highlight the house's elegant features and create a cozy ambiance（令人惊叹的 3 层现代豪宅，带游泳池，展示令人惊叹的建筑。这个房子采用现代时尚的设计，线条简洁，棱角分明，透过落地窗可以欣赏周围美丽的景色，周围环绕着郁郁葱葱的绿色植物和参天大树，微风轻拂，散发着盛开的花朵的芬芳。气氛宁静祥和，有一种奢华和放松的感觉。气氛平静，带着一丝激动和期待。灯光温暖，柔和的金色色调突出了房子的优雅特色并营造出舒适的氛围）

Midjourney 生成的图片令人兴奋，如图 2-3 所示。

图 2-3

因为使用了更多的 Prompt 描绘场景，所以与图 2-2 相比，我们对图 2-3 在细节上有了更好的把控。比如，在相似的构图上，画面里增加了盆栽等元素，周围的树木更多了，躺椅旁边则增加了桌子等，突出了人居住在里面的舒适性。

小结

Prompt 的内容越丰富，Midjourney 生成的图片中的元素越丰富，给人的感觉越精美。在本章的其他节中，我们会列举一些常用的画面变换手段，让读者在使用 Midjourney 的时候更加得心应手。

2.2 灵活切换艺术风格

假设你是一位室内装饰设计师。在某一天，你接待了一位名叫莉莉的年轻女士。她最近在新房装修时发现需要一幅特别的装饰画来点缀浴室的空间。她喜欢鲜花，所以希望能在浴室中有一幅向日葵画。

市场上有很多梵高的《向日葵》仿作，但是她一直没有找到符合她的审美要求的画。于是，她通过朋友介绍认识了你，希望你能够为她的浴室量身定制一幅符合她的要求的画。

你在莉莉的面前装出为难的样子，勉强地答应了她。在她走后，你开始使用 Midjourney 创作，在 Discord 对话框中输入了以下 Prompt。

Prompt: sunflowers in a vase on the table（桌上花瓶里的向日葵）

Midjourney 生成的图片如图 2-4 所示。

图 2-4

你还使用了不同的 Prompt 生成了多个艺术风格版本供莉莉挑选。

Prompt: sunflowers in a vase on the table, by Raphael（桌上花瓶里的向日葵，拉斐尔所作）

Midjourney 生成的图片如图 2-5 所示。

图 2-5

Prompt: sunflowers in a vase on the table, impressionism（桌上花瓶里的向日葵，印象派）

Midjourney 生成的图片如图 2-6 所示。

Prompt: sunflowers in a vase on the table, charcoal sketching（桌上花瓶里的向日葵，木炭素描）

Midjourney 生成的图片如图 2-7 所示。

图 2-6

图 2-7

看到这些画，你感到非常激动和兴奋，立即把这些画发给莉莉。然而，莉莉却有不同的看法。她对艺术很敏感，觉得这些画挂在浴室都不太合适。突然，你想起来她曾经提到过她家的浴室用小瓷砖做防水处理，马赛克风格的绘画似乎更合适。你灵机一动，如果墙面本身就是用马赛克组成的一幅画，对应的 Prompt 就应该写成这样。

Prompt: sunflowers in a vase on the table, mosaic（桌上花瓶里的向日葵，马赛克）

Midjourney 生成了如图 2-8 所示的图片，效果非常明显。

图 2-8

你把图 2-8 发给莉莉，她非常激动和兴奋，但是提出了另一个要求：想看一看这幅画挂在浴室里是什么样的。因为你不知道她家的浴室是什么样的，所以你让她给你发一张照片，可是她却说她也没有浴室的照片。于是，你就发愁了，这样的需求该怎样满足呢？你冥思苦想了一个晚上，终于睡着了。这一晚上的梦里都是“/imagine，印象派，拉斐尔，木炭素描……”

小结

在 Midjourney 的 Prompt 中加入艺术流派、绘画工具等可以让生成的图片具有特定的风格。

2.3 使用图片和文字混合 Prompt 让 Midjourney 生成图片事半功倍

第二天，你遇到了你的好朋友弗拉基米尔，对他说了你最近遇到的这个“奇怪”的客户。弗拉基米尔说好办，你只需要请他吃一碗炒米粉，他就告诉你怎么做。此处省略吃饭的细节约一万字，具体的做法如下。

把图 2-8 中左上角的图剪切出来，然后用任意一种画图软件加上白边，如图 2-9 所示。

图 2-9

把这张图发送到 Midjourney 群组中，或者上传到任意一个图片托管网站，以获取链接。下面以 Midjourney 群组为例。

首先，把图片复制并粘贴到对话框中，或者拖曳到输入框中，如图 2-10 所示。

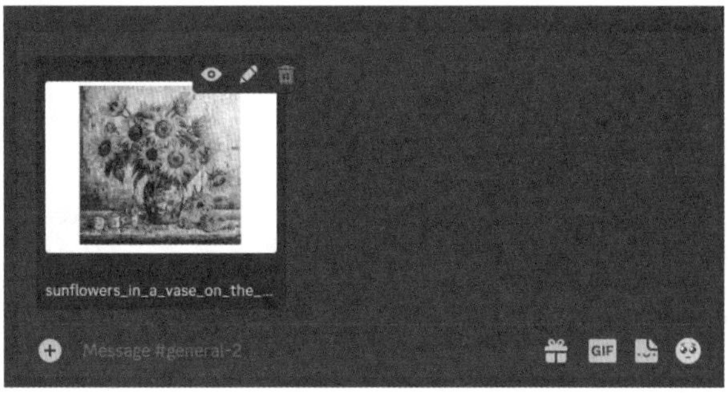

图 2-10

然后，按回车键，把图片发送到 Midjourney 群组中。这时，可以看到发送的图片到了聊天区中，如图 2-11 所示。

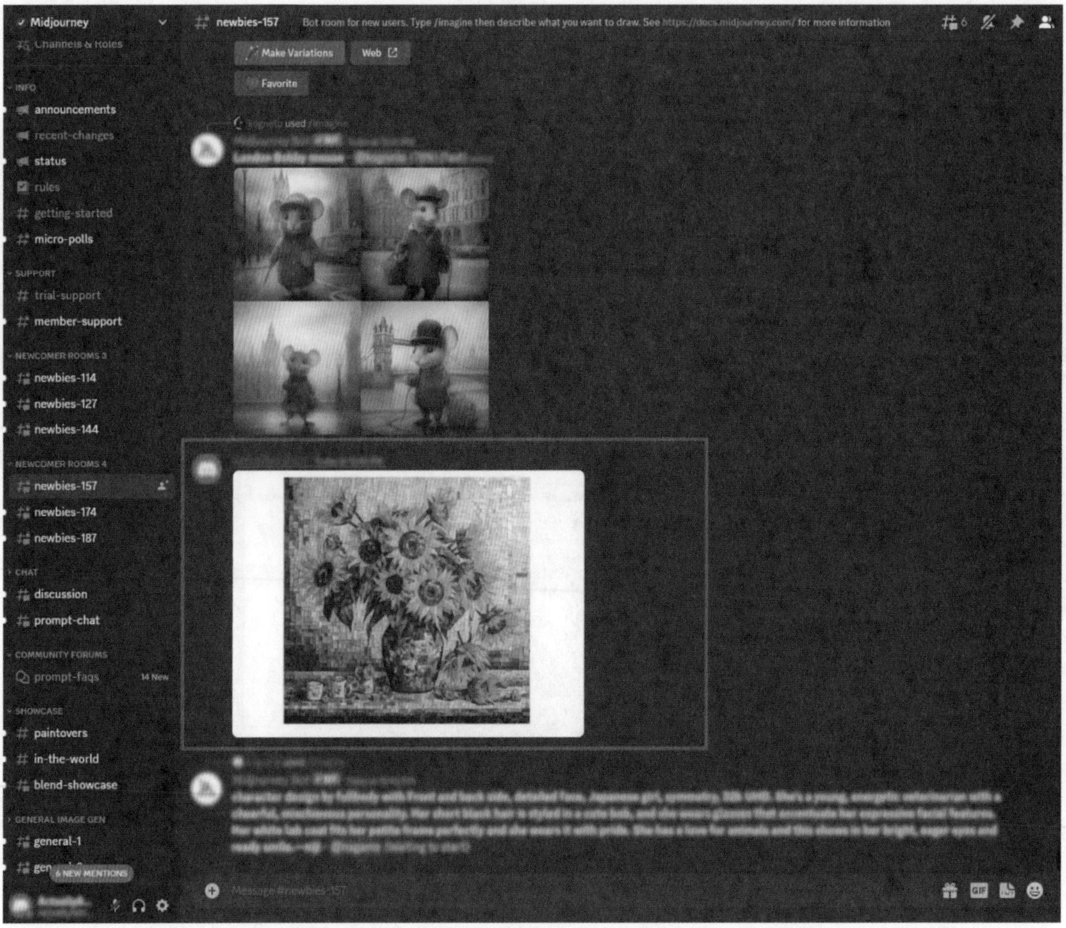

图 2-11

点击聊天区中刚刚发送的图片，图片就会放大，而且图片的左下角会出现一行字，即“Open in Browser”（在浏览器中打开），如图 2-12 所示。

图 2-12

点击“Open in Browser”，浏览器就会打开那张图片所在的地址，如图 2-13 所示。

图 2-13

复制地址栏中的链接，然后在 Midjourney 群组对话框中输入以下 Prompt，按回车键提交。

Prompt: <刚才复制的链接> a bathroom with a bathtub in it, small tiles on the wall showing sunflower pattern（一间带浴缸的浴室，墙上的小瓷砖上有向日葵图案）

这个图片+文字混合 Prompt 命令的作用是让 Midjourney 去指定的网址下载那张图片，然后和文字内容一起考虑，生成图片。不久，你就得到了如图 2-14 所示的效果图。

图 2-14

你对使用图片+文字混合 Prompt 生成的惊艳效果感到惊叹，还没来得及感谢弗拉基米尔，就收到了莉莉发来的消息。

小结

使用图片+文字混合 Prompt 可以让 Midjourney 在生成图片的时候把两个模态的输入都考虑进去，从而方便我们完成一些靠文字描述很麻烦，但是手头恰好有类似图片的生成任务。

2.4 使用图片混合命令获得创意性输出

莉莉的消息来得正是时候，她说她家的浴室的照片拍好了，如图 2-15 所示。

图 2-15

你发现莉莉家的浴缸是圆的，所以图 2-14 又不能用了。

弗拉基米尔看到了你的愁容。你再次向他请教。他当即表示“帮人帮到底，送佛送到西”，看了一下莉莉发来的新消息。他说：“这很简单，我们只需要多用一次‘/blend’命令。”

你在对话框中输入“/blend”命令之后，系统自动弹出了图片上传页面，如图 2-16 所示。

这次，你不需要像刚才那样粘贴链接了，可以直接拖动图片将其上传，如图 2-17 所示。

按回车键，你很快就获得了有圆形浴缸的浴室图片，如图 2-18 所示。

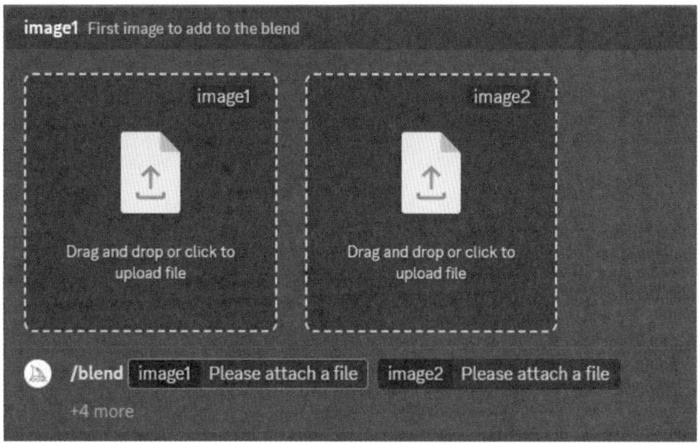

图 2-16

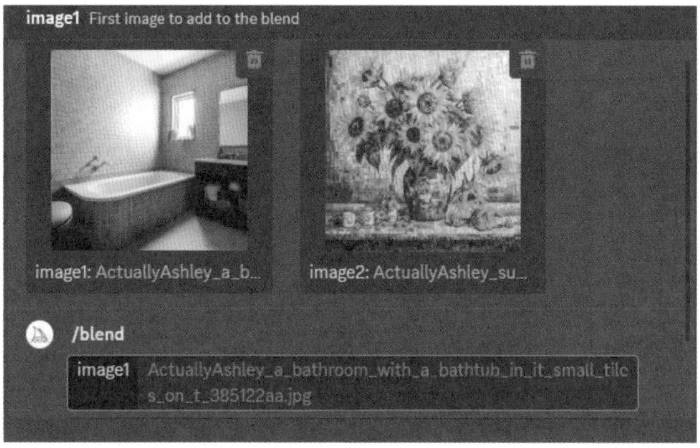

图 2-17

图 2-18

向日葵一般是放在花瓶里的，难怪图 2-18 所示的浴室中出现了花瓶，但这可不是你想要的效果。

弗拉基米尔若有所思，然后说："我们不如把刚才那张方形浴缸的效果图和莉莉的照片相融合，看一看 Midjourney 能不能领会我们的意思。"于是，你上传了如图 2-19 所示的两张图片，按回车键。几秒后，Midjourney 给你返回了如图 2-20 所示的结果。

图 2-19

图 2-20

Midjourney 完全领会了你们的意思，而且图 2-20 中右上角的图还保留了很多原图中的元素，例如浴缸的朝向、洗漱台、镜子等。

你通过简单的后期处理，把窗户加上，抹平右侧墙上的折角，完成了效果图的绘制，并把图片发给了莉莉。

小结

使用“/blend”命令可以让两张图片融合，从而获得创意性的输出。

2.5 使用反向 Prompt 减少不需要的元素

莉莉对你的交付成果赞不绝口，果断地给你打了钱。一周之后，她又找到你，希望你给她家的客厅走廊设计一幅画。

你想到了她家的装修风格简洁，棱角分明，以白色等浅色调为主。你有了灵感：毕加索的风格应该很适合她家。于是，你使用了以下提示词。

Prompt: sunflowers in a vase on the table, by Picasso（桌上花瓶里的向日葵，毕加索所作）

Midjourney 生成的图片如图 2-21 所示。

图 2-21

你觉得毕加索的风格虽好，但是花瓶背景的深色调和黑色的阴影与雪白的墙面不太协调。这时，还有一个办法，就是给 Midjourney 提供反向 Prompt。反向 Prompt 需要使用“--no”参数给出，其作用是使得指定的元素更少地出现在画面中。这次，你需要画面中少出现黑色的阴影，也就是少出现黑色。

Prompt: sunflowers in a vase on the table, by Picasso --no black（桌上花瓶里的向日葵，毕加索所作，无黑色）

效果真的立竿见影，Midjourney 生成的图片如图 2-22 所示。

图 2-22

有意思的是，这次有两幅图直接做成了桌上的画。你仔细看了一眼 Prompt，好像确实也可以这么理解。Midjourney 想得真周到啊！

小结

使用参数“--no”加上反向 Prompt 可以让生成的图片中少出现相关的元素，贴近真实的业务需求。

第 3 章

Midjourney 的深度探索：人像、场景与静物

M I D J O U R N E Y

3.1 初步生成人像

3.1.1 人物构图

关于人物构图，我们首先考虑的是人像在画面中所占的篇幅。

下面先普及一些摄影知识。一般来说，景别分为远景、中景和近景。

在拍摄远景方面，镜头可以分为远景镜头（wide shot）、大全景镜头（extreme long shot，ELS）、特长镜头（very long shot，VLS），长镜头（long shot，LS）。

在拍摄中景方面，镜头可以分为中远景镜头（medium long shot，MLS），中景镜头（medium shot，MS）、中景特写（medium close up，MCU）镜头。

在拍摄近景方面，镜头可以分为特写（close up，CU）镜头、大特写（big close up，BCU）镜头、极度特写（extreme close up，XCU）镜头。

需要注意的是，虽然不如我们手持相机那么方便，但是使用 Prompt 可以得到很好的人物构图。

下面通过一个简单的案例观察使用不同的 Prompt 对生成的图片的影响。下面请出咖啡店女孩，使用的 Prompt 为“a girl, smiling, standing in front of a coffee shop--ar 2:3”（一个女孩，微笑，站在咖啡店前，宽高比为 2∶3），Midjourney 生成的图片如图 3-1 所示。

考虑到对人像作品有大量的“二次元”需求，本章尽量同时给出使用常规模型生成的图片［如图 3-1（a）所示］和使用 Niji 模型生成的图片［如图 3-1（b）所示］，供大家参考，其余图片也使用类似的表示。

Midjourney 输出的四合一生成图中随机带有不同远近构图的人像，但基本上以半身像为主。如果希望生成人物近景图，那么可以在 Prompt 中加入“close-up”（也可以加入“close up”，生成的效果可能会不一样，你可以自行尝试）。

Prompt: a girl, smiling, standing in front of a coffee shop, close-up --ar 2:3

Midjourney 生成的图片如图 3-2 所示。

（a）

（b）

图 3-1

（a）

（b）

图 3-2

使用常规模型确实生成了胸部以上的人像，但是使用 Niji 模型并没有生成很正确的近景图，生成的依然是半身人像。

笔者认为，模型对构图和景别的理解有点不到位。我们可以更好地帮助它理解。下面再介绍另外一些生成人像的 Prompt。

按照人体的部位划分，我们可以把人像分为：fullbody（全身像）、knee shot（膝盖以上的人像）、halfbody（腰部以上的半身像）、bust-up（胸部以上的半身像）、headshot（头像）等。

把“headshot”加入 Prompt 中。

Prompt: a girl, smiling, standing in front of a coffee shop, headshot, close-up

Midjourney 生成的图片如图 3-3 所示。很好，看起来可以满足一般的头像需求了。

（a）

（b）

图 3-3

有读者可能会问，如果要生成更近的大头像，应该怎么做呢？在前面介绍景别时，在近景中还可以加上前缀“extreme”（极大的）。

Prompt: a girl, smiling, standing in front of a coffee shop, headshot, extreme close-up

看！我们的确生成了更近的大头像，如图 3-4 所示。

（a）　　　　　　　　　　　　（b）

图 3-4

接下来，相信你已经知道如何照葫芦画瓢了。我们不妨看一看其他 Prompt 组合生成的图片。下面以半身像为例，在 Prompt 中加入“medium shot, half body”。

Prompt: a girl, smiling, standing in front of a coffee shop, medium shot, half body --ar 2:3

Midjourney 生成的图片如图 3-5 所示。

我们可以再次注意到常规模型和 Niji 模型使用同一组 Prompt 的微小区别，在图 3-5 中，Niji 模型生成的半身像包括了腰部，而常规模型生成的人像并没有腰部。

不知道你是否想过，如果在 Prompt 中加入“medium shot”而不同时加入“half body”，那么会出现什么效果？这个问题留给你自行解答（提示一下，对于常规模型来说，在 Prompt 中只加入“medium shot”，生成的图片将更加侧重于“半身”）。

以上的例子说明，Midjourney 大模型对人类语言的理解已经很好了，但在细节上，我们还需要多组合使用 Prompt 和多实践，才能得到最理想的结果。

下面介绍如何生成全身像。这里要多说一句，使用 Midjourney 生成全身像是一个“老大难”问题。我们一直很难让 Midjourney 老实地生成包括头脚的完整全身像，但是现在这个情况大有改善。我们可以在 Prompt 中加入“full body, long shot”生成全身像，如图 3-6 所示。

（a）

（b）

图 3-5

Prompt: a girl, smiling, standing in front of a coffee shop, full body, long shot --ar 2:3

（a）

（b）

图 3-6

有好奇心的读者会问，在 Prompt 中单独加入“full body”或者“long shot”会如何？

答案：单独加入“full body”在宽高比为 2∶3 的画面中效果依然很好，一旦把画面的宽高比更换为 1∶1 或 3∶2，生成全身像的概率就会大大减少，在很多时候得不到完整的全身像。

你要注意，对于人像来说，画面的宽高比会影响生成的图片。所以，建议在 Prompt 中同时加入“full body”和“long shot”这两个词，这样生成的大部分人像都是完整的。

下面给出宽高比为 1∶1 的全身像对比示意图。

Prompt: a girl, smiling, standing in front of a coffee shop, full body --ar 1:1

在 Prompt 中加入“full body”生成的全身像如图 3-7（a）所示。

Prompt: a girl, smiling, standing in front of a coffee shop, full body, long shot --ar 1:1

在 Prompt 中同时加入“full body”和“long shot”生成的全身像如图 3-7（b）所示。

总之，人像构图控制在 Midjourney 中是非常微妙的，但也是特别有趣的。本节只是抛砖引玉，有兴趣的读者不妨多尝试。

（a）

（b）

图 3-7

小结

使用以下 Prompt，我们可以根据需要生成不同构图的基本人像。使用“close-up”“headshot”可以生成头像近景，使用“medium shot”“half body”可以生成半身像，使用“kneeshot”可以生成膝盖以上的人像，同时使用“full body”“long shot”可以生成全身人像。

3.1.2 人物角度

在有效地控制了人像的构图后，我们当然还希望继续控制人像的角度，比如正面、侧面、背面、仰视、俯视等。

下面继续请出咖啡店女孩，让她做示范。

Midjourney 生成的图片的默认视角是正面视角。即便如此，在一些情况下，我们也需要强调人像的正面，可以在 Prompt 中加入“front view”（前视图）、“face to the front”（面向前方）、“face to the camera”（面向镜头）。

Prompt: a girl, smiling, standing in front of a coffee shop, front view --ar 2:3

Midjourney 生成的前视图如图 3-8 所示。

（a）　　　　（b）

图 3-8

如果需要人物严格居中对称，我们可以在 Prompt 中加入“symmetric”（对称），让 Midjourney 生成对称的前视图，如图 3-9 所示。

Prompt: a girl, smiling, standing in front of a coffee shop, front view, symmetric --ar 2:3

如何生成侧面人像呢？英文好的读者应该已经猜到了，可以在 Prompt 中加入“side view”（侧视图）。

Prompt: a girl, smiling, standing in front of a coffee shop, side view --ar 2:3

Midjourney 生成的侧视图如图 3-10 所示。

（a）

（b）

图 3-9

（a）

（b）

图 3-10

心细的读者会看到，在 Niji 模型生成的侧视图中，二次元少女的头还可能面对镜头，但在常规模型生成的侧视图中，女孩一般更好地看向侧面，这也是这两个模型生成的图片的细微区别。其实也可以理解，因为在二次元漫画的训练素材里，一般很少有人的侧脸，所以 Niji 模型能从中学到的更多的是侧身回头的样子。

看到这里，一定有好奇的读者在想，角度和前面介绍的构图能否一起控制呢？答案是肯定的，下面在 Prompt 中同时加入控制人像构图的“close-up”“headshot”和生成侧视图的“side view”。

Prompt: a girl, smiling, standing in front of a coffee shop, side view, close-up, headshot

图 3-11 所示为生成的图片，如我们所想，生成的是侧面的头像大图。

（a）　　（b）

图 3-11

生成背视图的 Prompt 是 back view。

Prompt: a girl, smiling, standing in front of a coffee shop, back view --ar 2:3

Midjourney 生成的背视图如图 3-12 所示。

动脑筋的读者会想，在 Prompt 中加入“symmetric”应该也能让背视图中的人物居中。

Prompt: a girl, smiling, standing in front of a coffee shop, back view, symmetric --ar 2:3

Midjourney 生成的图片如图 3-13 所示。

（a）

（b）

图 3-12

（a）

（b）

图 3-13

可以看到，人像的背影基本上都居中了。但是，二次元少女的头还是忍不住往回看。

如果我们想要一个严格的不回头的背影，那么应该怎么办呢？其实也是有办法的，我们可以使用反向 Prompt——“--no face”告诉 Midjourney 不要看到脸。

Prompt: a girl, smiling, standing in front of a coffee shop, back view, symmetric --ar 2:3 --no face

Midjourney 生成的图片如图 3-14 所示。

（a）　　（b）

图 3-14

在“symmetric”和“--no face”的限制下，常规模型生成的已经是完美的对称背影了，而 Niji 模型生成的图片尽管还是有回头的，但比之前已经好多了，也出现了完全的对称背影。

生成俯视图的 Prompt 是“overhead view”或者“top view”。

Prompt: a girl, smiling, standing in front of a coffee shop, overhead view --ar 2:3

Midjourney 生成的俯视图如图 3-15 所示。

（a）　　　　　　　　（b）

图 3-15

相应地，我们还希望有仰视图。尽管有人在网络上说可以在 Prompt 中加入“bottom view”（底部视图），但是实际上不能生成仰视图。这挺有趣，因为在 Prompt 加入“top view”是可以生成俯视图的。真正可能生成仰视图的 Prompt 是“low angle view”（低角度视图），但也很可能会失败。经过反复测试，最大概率生成仰视图的 Prompt 是“low angle view”和“bottom view”的组合。

Prompt: a girl, smiling, standing in front of a coffee shop, low angle view, bottom view --ar 2:3

Midjourney 生成的仰视图如图 3-16 所示。

需要指出的是，Midjourney 的迭代依然在继续，你在使用的时候或许会发现情况有所变化。还是那句话，对于这些 Prompt 的组合使用，你不妨多尝试。

（a）　（b）

图 3-16

小结

生成前视图可以使用“front view”，生成背视图可以使用“back view”，生成侧视图可以使用“side view”。强调画面居中对称，可以使用“symmetric”。要想让背影中几乎不出现人脸，可以使用反向 Prompt——“--no face”。生成俯视图可以使用“top view”。仰视图的生成概率较低，可以考虑使用“low angle view”和“bottom view”的组合。

3.1.3　人物表情

3.1.1 节和 3.1.2 节中每一张人像都有表情，因为我们默认让咖啡店女孩微笑（smiling）。表情控制其实比较简单，就是给人像加上控制表情的 Prompt。

如果没有控制表情的 Prompt，Midjourney 会生成什么样的人像呢？

去除了 Prompt 中的“smiling”这个控制表情的 Prompt，生成的图片如图 3-17 所示（注意：为了看清人物表情，本节默认生成头像，即在 Prompt 中加入“close-up”“headshot”）。

Prompt: a girl, standing in front of a coffee shop, close-up, headshot

（a）

（b）

图 3-17

可以看到，当没有控制表情的 Prompt 时，Midjourney 倾向于生成的是严肃或偏微笑的人像。面带微笑的效果我们已经知道了。如果希望人物大笑，那么使用什么 Prompt 呢？可以使用 laughing（大笑）。

Prompt: a girl, laughing, standing in front of a coffee shop, close-up, headshot --ar 2:3

Midjourney 生成的图片如图 3-18 所示。

大笑完以后，我们悲伤一下，加入控制表情的 Prompt——“sad”（悲伤）。

Prompt: a girl, sad, standing in front of a coffee shop, close-up, headshot --ar 2:3

Midjourney 生成的图片如图 3-19 所示。

（a）

（b）

图 3-18

（a）

（b）

图 3-19

如果要哭出来，那么我们可以加入另一个控制表情的 Prompt——“crying”（哭泣）。

Prompt: a girl, crying, standing in front of a coffee shop, close-up, headshot --ar 2:3

Midjourney 生成的图片如图 3-20 所示。

（a）

（b）

图 3-20

关于生成人物表情，做法很直接，效果也很直接，我们只需要使用对应的控制表情的 Prompt，就可以生成相应的结果了。

小结

在人物的基本构图之上，我们可以使用以下 Prompt 控制人物表情：smiling（微笑）、laughing（大笑）、sad（悲伤）、crying（哭泣）、angry（生气）、roaring（怒吼）、screaming（尖叫）、surprised（惊讶）、scared（害怕）、embarrassed（尴尬）、disgusted（厌恶）。

3.1.4　人物细节

对于 Midjourney 生成的人物图片，我们希望更具体，而不是随机生成一个女孩的图片。在本节中，我们尝试打扮咖啡店女孩。

1. 发型的定制

首先，定制一下女孩的头发，在 Prompt 中加入“blonde hair”生成金发，如图 3-21 所示。

Prompt: a girl, blonde hair, smiling, standing in front of a coffee shop --ar 3:4

（a）　（b）

图 3-21

我们还可以同时指定发色和发型，比如一条金色的高马尾辫，使用的 Prompt 是“blonde hair”（金发）和“high ponytail”（高马尾辫），生成的图片如图 3-22 所示。

Prompt: a girl, blonde hair, high ponytail, smiling, standing in front of a coffee shop --ar 3:4

（a）

（b）

图 3-22

发型、发色及其组合有很多种，不可能在此一一尝试。下面给出与描述发型、发色有关的 Prompt，感兴趣的读者可以自行尝试使用各种组合。

（1）基础发型：short hair（短发）、medium hair（中等长度的头发）、long hair（长发）。

（2）头发颜色：blonde hair（金发）、multicolored hair（多色头发）、two-tone hair（两色头发）、rainbow hair（彩虹色的头发）。

（3）ponytail（马尾辫）：high ponytail（高马尾辫）、low ponytail（低马尾辫）、side ponytail（侧马尾辫）、short ponytail（短马尾辫）、front ponytail（前马尾辫）、braided ponytail（编织马尾辫）、folded ponytail（折叠马尾辫）。

（4）braid（辫子）：single braid（单辫）、twin braids（双辫）、low twin braids（低双辫）、side braid（侧辫）、crown braid（冠形辫）、french braid（法式辫）、braided bangs（辫子刘海）。

（5）curly hair（卷发）：wavy hair（自然卷）、drill hair（钻发）、twin drills（双钻发）、ringlet（长卷发）。

（6）hair bun（发髻）：single hair bun（单发髻）、double bun（双发髻）、cone hair bun（圆锥形发髻）、braided bun（辫子发髻）、doughnut hair bun（甜甜圈发髻）、heart hair bun

（心形发髻）。

（7）bangs（刘海）：asymmetrical bangs（不对称刘海）、blunt bangs（齐刘海）、hair over eyes（遮眼发）、hair over one eye（遮单眼发）、parted bangs（分开刘海）、swept bangs（扫刘海）、hair between eyes（眼间发）。

对于以上与描述发型、发色有关的 Prompt，你可以自行组合使用，但是要注意符合逻辑。如果你既要长发又要短发，显然就有问题了。

除了发型、发色，我们还可以描述年龄，描述年龄的 Prompt 是"××-years-old"，比如 12 岁就是 12-years-old。

Prompt: a girl, 12-years-old, smiling, standing in front of a coffee shop, full body, long shot --ar 3:4

Midjourney 生成的图片如图 3-23 所示。

（a）

（b）

图 3-23

2. 服装

对于服装，我们先简单介绍一下，在第 5 章中会详细介绍。

除了发型，另一个特别影响人物整体形象的，就是服装。对于服装，我们也可以使用

Midjourney 精心搭配。

我们把咖啡店女孩的发型和发色设置为黑色短发（black shot hair），让她戴上钟形帽子（cloche hat），穿上黑色晚礼服（black evening dress），结果如图 3-24 所示。

Prompt: a girl, black short hair, cloche hat, black evening dress, smiling, standing in front of a coffee shop, full body, long shot --ar 3:4

（a）　　（b）

图 3-24

效果非常好。看来我们可以开心地打扮咖啡店女孩了。

这里需要特别指出的是，如果我们在人体部位和衣物搭配描述里使用过多与颜色有关的 Prompt，Midjourney 就会被搞晕，生成错误的结果。比如，在上面的 Prompt 中，我们把“black short hair”改成“red short hair”（红色短发），把“cloche hat”改成“blue cloche hat”（蓝色钟形帽子），生成的图片如图 3-25 所示。

Prompt: a girl, red short hair, blue cloche hat, black evening dress, smiling, standing in front of a coffee shop, full body, long shot --ar 3:4

无论是常规模型还是 Niji 模型，生成的图片都很糟糕。事实上，这是 Midjourney 当前的技术限制：对于多颜色组合和多人物组合，Midjourney 很难生成我们期望的结果。

（a） （b）

图 3-25

有时间的读者可以深入研究 Prompt 的组合，看一看如何使用 Prompt 让 Midjourney 能更准确地理解对不同部位的不同颜色的描述。你也可以暂时考虑扬长避短，避免和模型作对。

很多时候，我们除了希望生成全身或者半身像，还需要生成一些人物特写。我们只需要在 Prompt 中加入“×××focus”（×××为人体部位），再加入“close-up”（特写）和对主要内容的描述即可。

下面继续请出咖啡店女孩，先在 Prompt 中加入“shoe focus”生成鞋子特写。

Prompt: shoe focus, a girl, standing in front of a coffee shop, close-up --ar 2:3

Midjourney 生成的图片如图 3-26 所示。

再在 Prompt 中加入“hand focus”生成手部特写。

Prompt: hand focus, a girl, standing in front of a coffee shop, close-up --ar 2:3

Midjourney 生成的图片如图 3-27 所示。

最后，要说明的是，人体部位特写的 Prompt 对 Niji 模型目前不适用。

图 3-26

图 3-27

小结

在 Prompt 中，我们可以加入对发型、年龄、衣服、配饰等的描述来生成更加精确的人像。

如果在 Prompt 中出现多个对颜色描述的词，那么非常容易让模型混淆，从而产生不正确的结果，需要避免使用这种用法。

在 Prompt 中加入"(人体部位，如 shoe[①]、hand、back、knee、lower body) focus"，再加入"close-up"，可以生成各个人体部位的特写，但在 Niji 模型中使用这个用法没有效果。

① shoe 在这里指脚，如果使用 foot 效果完全不一样，你可以自行尝试。

3.2 打造更生动的人像

3.2.1 手部姿势

本节介绍怎么生成手部的姿势。

从最简单的开始，在 Prompt 中加入“outstretched hand”可以张开单手。

Prompt: a girl, outstretched hand, smiling, standing in front of a coffee shop --ar 2:3

Midjourney 生成的图片如图 3-28 所示。

（a）　　　　（b）

图 3-28

可以注意到，Midjourney 生成的一张图中的手指有瑕疵，这是正常的。毕竟生成的大多数手指已经非常完美了，偶尔有一些小问题，多生成一次就可以解决了。

如果我们想指定左臂或者右臂抬起来，应该使用什么 Prompt 呢？可以用“left/right arm up”。

Prompt: a girl, right arm up, smiling, standing in front of a coffee shop

Midjourney 生成的图片如图 3-29 所示。

（a）

（b）

图 3-29

经过测试，Midjourney 对这个 Prompt 正确生成图片（举一只手）的概率只有 50%左右，并且如果使用纵向构图（如宽高比为 3∶4 或者 2∶3），那么成功率会大幅降低，因此推荐使用默认的宽高比为 1∶1 的构图。

在 Prompt 中加入“outstretched arms”可以伸出双臂。

Prompt: a girl, outstretched arms, smiling, standing in front of a coffee shop --ar 3:4

Midjourney 生成的图片如图 3-30 所示。

（a）　　（b）

图 3-30

你也可以注意到，伸出双臂的成功率也不是 100%，但是已经很好了。

在 Prompt 中加入“hands on hips”可以让双手放在腰上。

Prompt: a girl, hands on hips, smiling, standing in front of a coffee shop --ar 3:4

Midjourney 生成的图片如图 3-31 所示。

在 Prompt 中加入“interlocked fingers”可以让手指相扣。

Prompt: a girl, interlocked fingers, smiling, standing in front of a coffee shop --ar 3:4

Midjourney 生成的图片如图 3-32 所示。

（a）　　　　（b）

图 3-31

（a）　　　　（b）

图 3-32

小结

使用以下 Prompt，可以自定义生成人物的不同动作：outstretched hand（张开单手）、arm up（举起单臂）、outstretched arms（伸出双臂）、arms up（举起双臂）、arms behind head（手臂放在头后），hands on hips（双手放在腰上）、hand to own mouth（手放在嘴巴上）、hand on own face（手放在脸上）、hand in own hair（手拨头发）、tying hair（扎头发）、arms support（双臂交叉）、interlocked fingers（手指相扣）。

3.2.2 腿部姿势

腿部姿势大多与全身姿势联动，本节先介绍一下几个最基本的腿部动作。

在 Prompt 中加入“legs crossed”可以让双腿交叉。

Prompt: a girl, legs crossed, smiling, standing in front of a coffee shop, full body, long shot --ar 3:4

Midjourney 生成的图片如图 3-33 所示。

（a）　　　　（b）

图 3-33

需要强调的是，要想刻画腿部动作，往往需要加入“full body, long shot”的 Prompt 组合以保证画面中出现全身像（3.1.1 节中的关键知识点），否则指定的人物动作可能会失效。你可以多尝试。

如果不指定镜头构图，那么无论是使用常规模型还是使用 Niji 模型，即便在 Prompt 中加入了“standing”（站立），人物也可能坐下来，这可能是因为坐下时更容易做出双腿交叉的动作。

描述其他腿部动作的 Prompt 还有“legs apart”（两腿分开）和“m legs”（m 型腿），你可以自行比较生成的效果。

在 Prompt 中加入“legs apart”可以让两腿分开。

Prompt: a girl, legs apart, smiling, in front of a coffee shop, full body, long shot --ar 3:4

Midjourney 生成的图片如图 3-34 所示。

（a）　　　　（b）

图 3-34

在 Prompt 中加入“knees together feet apart”可以让膝盖相碰，两脚分离。

Prompt: a girl, knees together feet apart, smiling, in front of a coffee shop --ar 3:4

Midjourney 生成的图片如图 3-35 所示。

（a）　　　　　　　　　　　　（b）

图 3-35

注意，这个动作和站立是有冲突的，所以在上面的 Prompt 中不出现 standing 一词。

更多的腿部动作与全身动作相关，我们将在 3.2.3 节中介绍。

小结

注意：很多腿部动作都与全身动作相关，因此一些复杂的腿部动作需要与全身动作一起描述。

描述腿部动作的 Prompt 有 legs crossed、legs apart、m legs，让膝盖相碰，两脚分离的 Prompt 是 knees together feet apart，采用内八字站姿的 Prompt 是 pigeon-toed。

3.2.3　全身姿势

咖啡店女孩一直站着太辛苦了。在本节中，她将有更丰富的姿势。在 Prompt 中加入“sitting”可以生成最简单的坐姿。

Prompt: a girl, smiling, sitting, in front of a coffee shop, full body, long shot --ar 3:4

Midjourney 生成的图片如图 3-36 所示。

在 Prompt 中加入“reclining”可以让咖啡店女孩斜着倚靠。

（a）　　　　　　　　　　　　（b）

图 3-36

Prompt: a girl, smiling, reclining, in front of a coffee shop, full body, long shot --ar 3:4
Midjourney 生成的图片如图 3-37 所示。

（a）　　　　　　　　　　　　（b）

图 3-37

在 Prompt 中加入“lying on desk”可以让咖啡店女孩趴在桌子上。

Prompt: a girl, smiling, lying on desk, in front of a coffee shop, full body, long shot --ar 3:4

Midjourney 生成的图片如图 3-38 所示。

（a） （b）

图 3-38

在 Prompt 中加入“jumping”可以让咖啡店女孩跳跃。

Prompt: a girl, smiling, jumping, in front of a coffee shop, full body, long shot --ar 3:4

Midjourney 生成的图片如图 3-39 所示。

至于如何让咖啡店女孩跑步，相信你已经知道了，可以在 Prompt 中加入“running”。

Prompt: a girl, smiling, running, in front of a coffee shop, full body, long shot --ar 3:4

Midjourney 生成的图片如图 3-40 所示。

动作案例当然可以继续介绍。不过，你应该已经明白了如何让人物做出更多的动作。列举更多的动作不是最重要的，关键的是你要综合运用本章介绍的关于人物构图、角度、表情、部位等各种 Prompt 来打造自己心目中的人像。

（a）　　（b）

图 3-39

（a）　　（b）

图 3-40

小结

要想让人物做出大幅度动作，可以使用以下 Prompt：sitting（坐）、reclining（斜着倚靠）、squatting（蹲）、lying on desk（趴在桌子上）、lying on ground 或者 lying on stomach（趴在地面上）、jumping（跳跃）、kicking（踢腿）、walking（走路）、running（跑步）。

3.2.4 打造更有质感的人像

一般来说，我们可以使用年龄+性别+人种/国籍+身体特征+衣着+场景+拍摄视角对一个人像进行描述。

比如，继续细化咖啡店女孩的图片（因为打算生成有真实感的人像，所以本节不再使用 Niji 模型）。

Prompt: a girl, 25-years-old, Chinese, slimmer, balck short hair, jackets, baseball cap, smiling, standing, in front of a coffee shop, front view, full body, long shot --ar 3:4（一个女孩，25 岁，中国人，苗条，黑色短头发，夹克衫，棒球帽，微笑，站在一个咖啡店前，前视图，全身，长镜头，宽高比为 3：4）

Midjourney 生成的图片如图 3-41 所示。

图 3-41

虽然效果已经很好了，但是可以继续完善。加入一个重要的 Prompt——“portrait”（肖像），这将提高人像的质感。

Prompt: a girl, 25-years-old, Chinese, slimmer, balck short hair, jackets, baseball cap, smiling, standing, in front of a coffee shop, portrait, front view, full body, long shot --ar 3:4

Midjourney 生成的图片如图 3-42 所示。Prompt 中只是增加了“portrait”。

图 3-42

事实上，前面的 Prompt 组合还不是完整的，我们还可以加入对光线、画质、情绪、色调的描述。光线、画质、情绪、色调在第 4 章中会介绍，在这里你可以提前感受一下在加入这几个方面的 Prompt 后画面质感的进一步提升。

在前面的 Prompt 中加入“cinematic lighting, 4K, realistic, hyper quality, vibrant”（电影灯光，4K 分辨率，现实，高品质，充满活力）。

Prompt: a girl, 25-years-old, Chinese, slimmer, balck short hair, jackets, baseball cap, smiling, standing, in front of a coffee shop, portrait, front view, full body, cinematic lighting, 4K, realistic, hyper quality, vibrant --ar 3:4

Midjourney 生成的图片如图 3-43 所示。

图 3-43

效果的提升很明显。最方便的是，Prompt 中的“cinematic lighting, 4K, realistic, hyper quality”基本上都是固定搭配使用的，在不同的人像场景中直接加入即可。“vibrant”是一个可选的画面风格修饰 Prompt，可以不使用。

我们能不能给同样穿着的女孩拍摄出在摄影棚里棚拍的质感？答案是肯定的，我们只需要把 Prompt 中的场景描述“standing, in front of a coffee shop”换成“studio，gradient grey background”（摄影棚，渐变灰色背景），再把“cinematic lighting”（电影灯光）换成在摄影棚中拍摄人像常用的“Rembrandt lighting”（伦勃朗光）就可以了。

Prompt: a girl, 25-years-old, Chinese, slimmer, balck short hair, jackets, baseball cap, smiling, studio，gradient grey background, portrait, front view, full body, Rembrandt lighting, 4K, realistic, hyper quality --ar 3:4

Midjourney 生成的图片如图 3-44 所示。

图 3-44

相信你已经对使用 Prompt 控制人像的质感有了直观的感受，更多的光影控制内容在第 4 章中详细介绍。

小结

使用“portrait”可以提升人像的质感。

使用固定的 Prompt 词组“cinematic lighting, 4K, realistic, hyper quality, vibrant”可以进一步提升人像的品质。

使用 Prompt 词组“studio, gradient grey background, Rembrandt lighting”可以实现在摄影棚中拍摄人像的质感。

如果有需要，可以使用“business wear”指定商务风穿着。

3.2.5 使用“/describe”命令迅速生成指定风格的人像

3.2.4 节已经初步介绍了使用 Prompt 让 Midjourney 生成更高品质的人像。

除了影棚照和特定电影风格的人像，还有很多风格的人像。很多时候，我们在看到一幅好的摄影作品时，也希望生成一张类似的图片。这时，Midjourney 的“/describe”命令就可以大显身手了。

前面介绍过，“/describe”命令可以帮助用户提炼指定图片的 Prompt。这个命令最强大的地方是不但能描述画面的内容，而且能准确地捕捉画面的整体风格。Midjourney 能理解这些描述背后的含义，并直接将其用于生成图片。

下面以一张著名的老照片《胜利之吻》为例进行介绍，如图 3-45 所示。

图 3-45

使用 Midjourney 的“/describe”命令处理图 3-45，如图 3-46 所示。

图 3-46

很快，我们就得到了 Midjourney 输出的四组 Prompt。这四组 Prompt 是按照与原照片风格的匹配程度从高到低排列的，如图 3-47 所示。既然我们希望复制原照片的风格，就要选第一组或者第二组 Prompt。

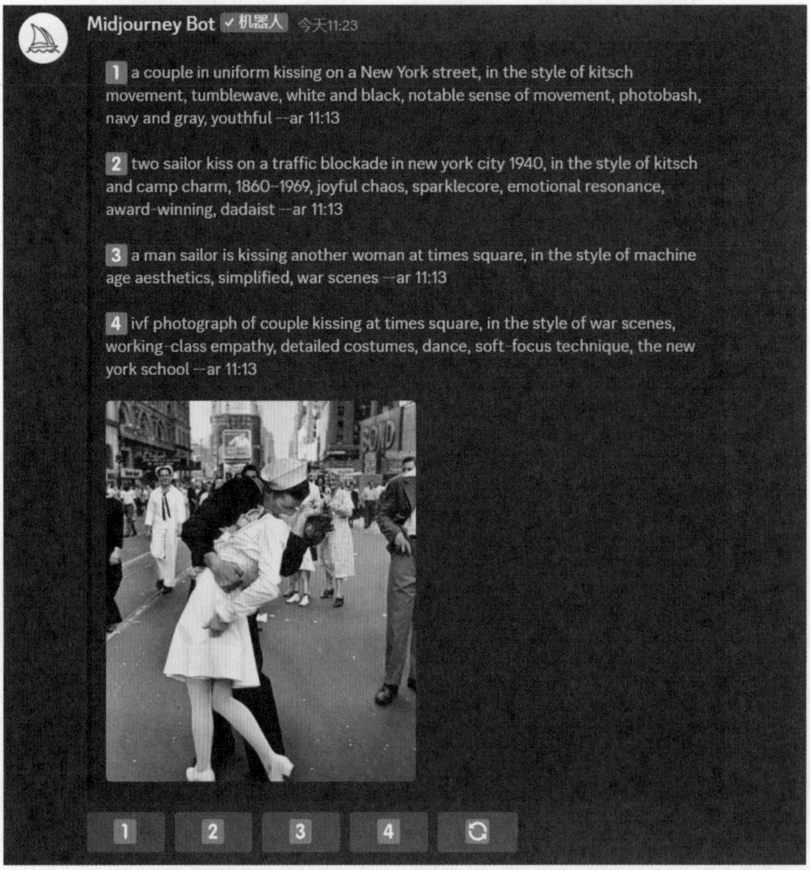

图 3-47

点击下方的数字按钮，提交 Prompt 给 Midjourney（如果需要，我们还可以在提交前修改 Prompt），如图 3-48 所示。

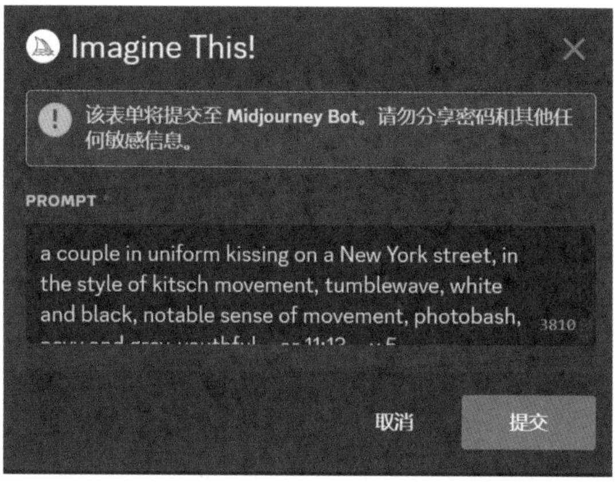

图 3-48

很快就得到了 Midjourney 生成的仿作，如图 3-49 所示。

（a）　　（b）

图 3-49

尽管生成的仿作不一定能企及原作的神韵，但是你可以发现，生成的仿作在风格和画面内容上的确与原作很相似。

最方便（或许也最可怕）的是，Midjourney 可以生成无数种类似风格的仿作。

笔者写到这里时有一种复杂的心情。AI 工具在创作（模仿）能力上已经达到了某种高度。写本书的目的是让更多的人了解和使用这个强大的工具。同时，不得不说，强大的 AI 工具开始对人类的艺术创作产生了威胁。

在使用“/describe”命令得到有原作风格的照片后，还可以做很多事情。比如，我们在提交 Prompt 生成仿作的时候，可以指定艺术家的风格［如在 Prompt 中加入“by Hayao Miyazaki”（由宫崎骏创作）］，如图 3-50 所示。

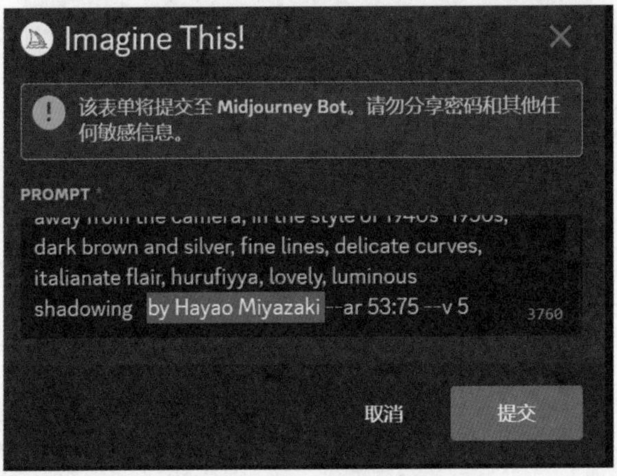

图 3-50

我们得到了混合宫崎骏画风和真实年代感风格的照片的仿作，如图 3-51 所示。

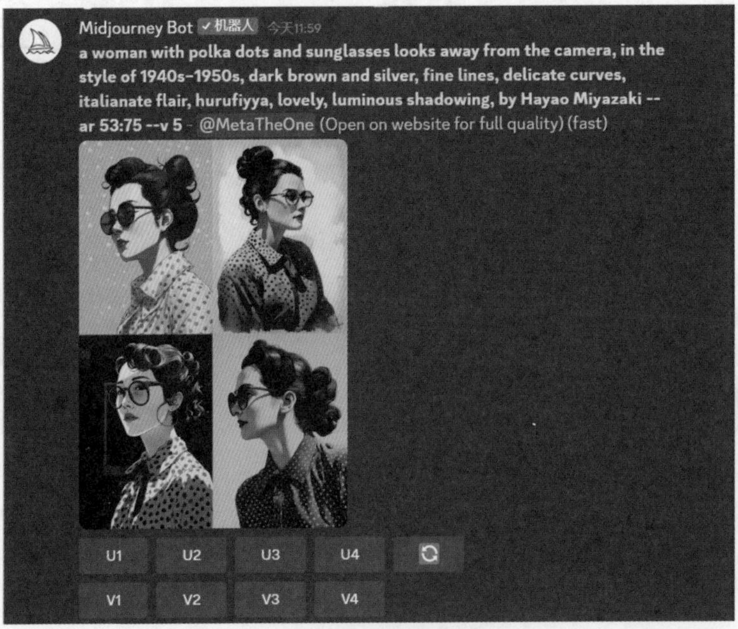

图 3-51

你已经可以看到，Midjourney 是一个非常强大，甚至过分强大的工具，几乎可以随心所欲地生成写实或者艺术风格的人像。作为创作者，我们应该合理地使用 AI 工具，向善创作。

小结

使用“/describe”命令可以迅速复制原照片风格并生成任意数量的仿作。另外，在提交 Prompt 生成仿作之前，还可以指定艺术家的风格，对生成图片的风格做更细致的调整。

3.3 生成场景图片

3.3.1 室内

本节介绍生成环境图片，看一看 Midjourney 在搭建环境时如何大显身手。

首先介绍生成室内场景的图片。我们继续从咖啡店开始介绍，让 Midjourney 生成一个咖啡店（a coffee shop）的图片，使用宽高比为 4∶3 的横向比例。依然默认常规模型生成的图为各图中的（a）图，Niji 模型生成的图为各图中的（b）图。

Prompt: a coffee shop --ar 4:3

Midjourney 生成的图片如图 3-52 所示。

仅仅使用了一个简单的描述词组，就得到了很惊艳的效果！

在继续深入介绍之前，先解决一个小问题。我们要生成的是室内场景的图片，但使用上述 Prompt 可能会生成一些咖啡店门面（当然，在其他情况下也有用）的图片。如果遇到这种情况，那么在 Prompt 中加入“inside”（里面）就可以了。

Prompt: inside a coffee shop --ar 4:3

Midjourney 生成的图片如图 3-53 所示，已经完全是室内场景了。

熟悉摄影的读者都知道，对于场景而言，天气是很重要的。下面就给场景搭配不同的天气来看一看效果如何。

在 Prompt 中加入“sunshine”（或者“sunny”）可以得到晴天。

Prompt: inside a coffee shop, sunshine --ar 4:3

Midjourney 生成的图片如图 3-54 所示。

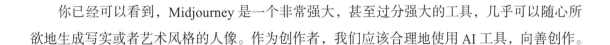

（a）

（b）

图 3-52

（a）

（b）

图 3-53

（a）

（b）

图 3-54

阳光好美，笔者都想坐下来喝一杯咖啡了。

怎么生成雨天（rainy）的咖啡店的图片呢？对于雨天的咖啡店，我们的脑海里想象的多半是温暖明亮的咖啡店，窗外淅淅沥沥地下着雨。

要实现这个效果，我们就需要使用 Prompt 进行更多的约束和控制。比如，在 Prompt 中加入“warmly lit”（表示温暖的灯光，特别适合描述室内场景）试一试。

Prompt: inside a coffee shop, warmly lit, rainy --ar 4:3

Midjourney 生成的图片如图 3-55 所示。

对生成天气的简单介绍到此为止，下面对生成场景进行介绍。

在 Prompt 中加入“living room”可以生成起居室的图片。

Prompt: a living room, sunshine --ar 4:3

Midjourney 生成的图片如图 3-56 所示。

一个室内场景的观感，除了受天气的影响，还受装修风格的影响。我们可以进一步指定装修风格，迅速得到想要的画面。

（a）

（b）

图 3-55

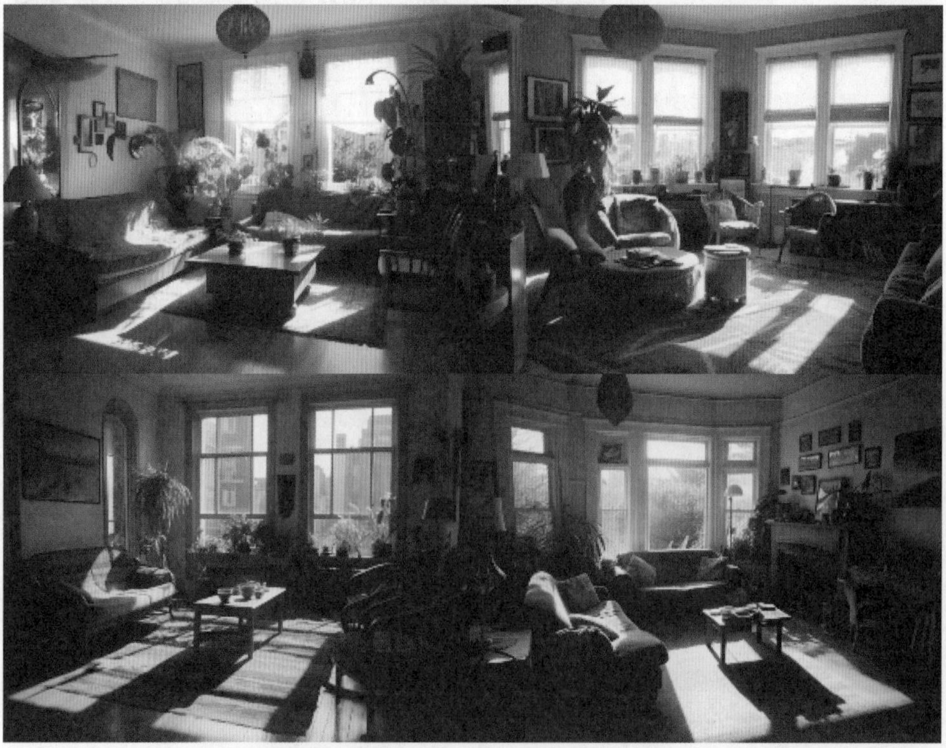

（a）

（b）

图 3-56

可以在 Prompt 中加入“in the style of×××”。“×××”是以下装修风格的单词：Traditional American（传统美式，在 Prompt 中使用“Traditional American”和“Traditional”的效果一样）、Midcentury Modern（中世纪现代）、Bohemian（波西米亚）、Minimalist（极简）。使用这些 Prompt 后生成的图片分别如图 3-57 ~ 图 3-60 所示。

Prompt: a bedroom, in the style of Traditional American, sunshine, --ar 4:3

Prompt: a bedroom, in the style of Midcentury Modern, sunshine, --ar 4:3

Prompt: a bedroom, in the style of Bohemian, sunshine, --ar 4:3

Prompt: a bedroom, in the style of Minimalist, sunshine, --ar 4:3

最后介绍一下如何使用 Prompt 生成复杂的室内设计图。要精确地绘制一个家居装潢的场景图是有点难的，这似乎是家装设计师的工作。对于普通用户来说，如果我们看到一张好看的装修风格的照片，也想要类似的，应该怎么做呢？认真学习了 3.2.5 节的读者一定知道使用“/describe”命令。

（a）

（b）

图 3-57

（a）

（b）

图 3-58

（a）

（b）

图 3-59

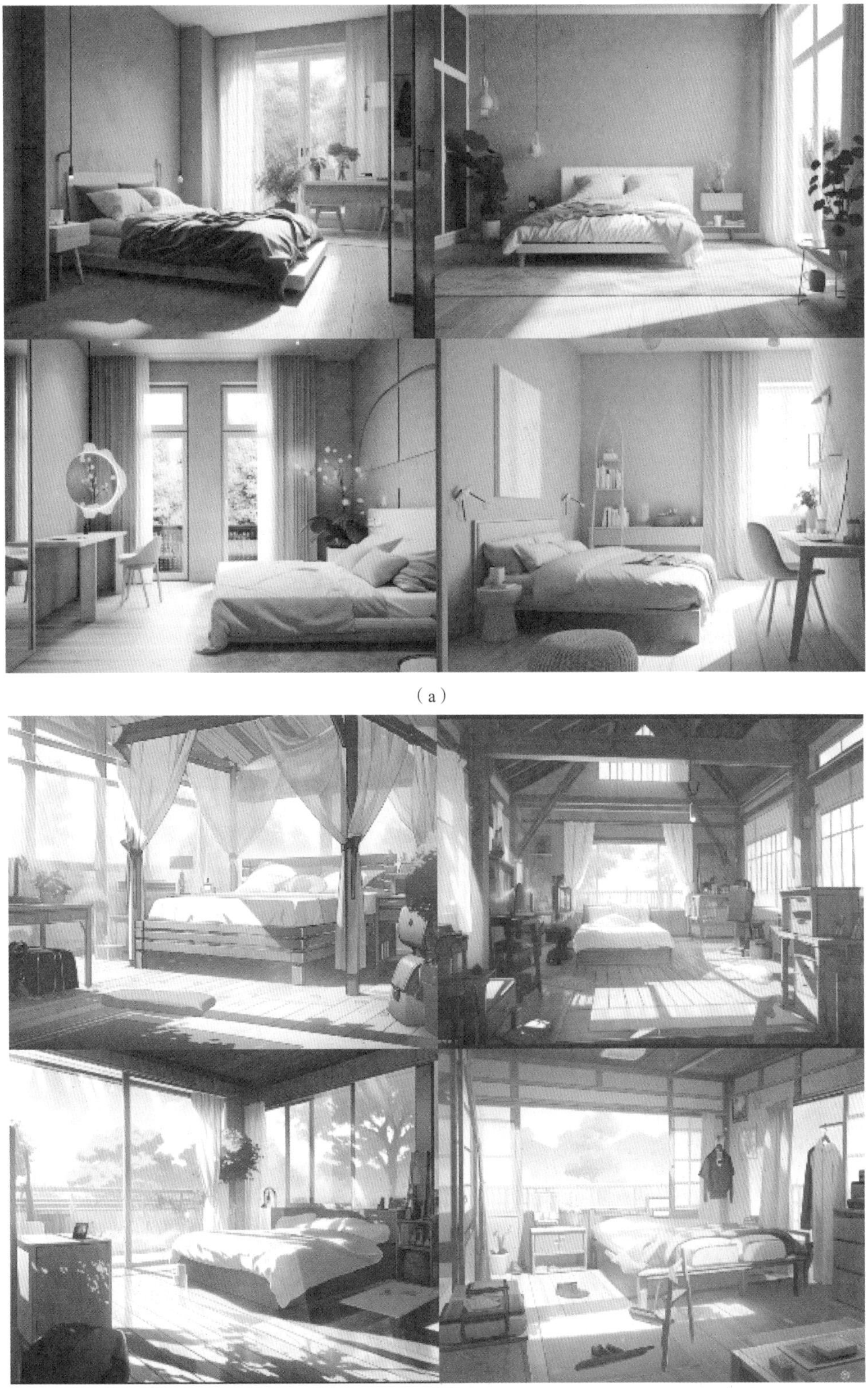

（a）

（b）

图 3-60

我们使用 Midjourney 的“/describe”命令，可以得到四组 Prompt，如图 3-61 所示。

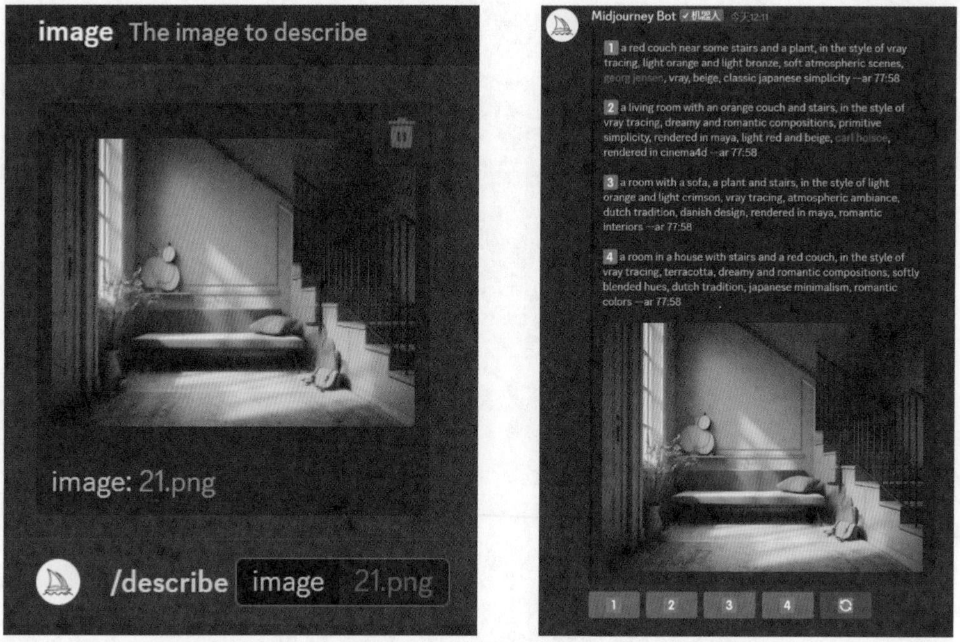

（a）　　　　　　（b）

图 3-61

使用第一组 Prompt 生成的图片如图 3-62 所示。

图 3-62

使用 Midjourney 提供的四组 Prompt 生成的图片都有各自的特点，你可以自己尝试。总之，使用“/describe”命令，可以迅速复制任意一张室内设计图，对普通用户来说非常友好。如果希望得到一个自己设计的家居场景，那么需要动脑筋设计 Prompt，对于想深入研究的读者来说，这也是一种乐趣。

小结

我们可以使用以下 Prompt 来控制场景的天气：sunshine（阳光）或 sunny（晴天）、cloudy（阴天）、rainy（雨天）、snowy（雪天）。

注意阴雨天气 Prompt 可能会影响室内的表现。在一般情况下，使用 sunshine 或 sunny 可以达到最好的效果。

使用以下 Prompt（用 in the style of×××）可以生成某种装修风格的图片：Traditional American（传统美式）、Transitional（古典与现代过渡）、Midcentury Modern（中世纪现代）、Rustic/Cottage（田园）、Vintage（复古）、Bohemian/Boho-Chic（波西米亚）、Industrial（工业）、Minimalist（极简）、Scandinavian/Sweden（北欧）。

使用“/describe”命令可以迅速生成与原图有类似风格的室内设计图。

3.3.2　都市街景

从室内走出来，我们开始描述都市街景。这其实是一个很大的话题。描述都市街景的 Prompt 非常多。下面从以下几个角度来抛砖引玉。

使用“street, sunshine”可以生成街道、阳光，生成的图片如图 3-63 所示。

Prompt: street，sunshine --ar 4:3

当然，可以像 3.3.1 节一样，尝试生成不同的天气，比如雪天（snowy）。

Prompt: street, snowy --ar 4:3

Midjourney 生成的图片如图 3-64 所示。

（a）

（b）

图 3-63

（a）

（b）

图 3-64

我们也可以生成城市景观（cityscape）的图片。

Prompt: cityscape, sunshine --ar 4:3

Midjourney 生成的图片如图 3-65 所示。

（a）

（b）

图 3-65

值得注意的是，常规模型生成了多种风格的城市景观的图片，而 Niji 模型生成的依然是类似于日本动画电影中的“二次元”城市景观的图片。

我们也可以使用以下标准的 Prompt 组合强制要求常规模型生成真实的照片：ultra detailed, photorealistic, 4K（超细节，照片级真实，4K 分辨率）。

有意思的是，Niji 模型使用“ultra detailed, photorealistic, 4K”后生成的画面中明显有更多的细节。基于前面的几个基础 Prompt，再加入以上增加细节的 Prompt 词组，你可以看一看效果的变化。

我们继续增加一些强调细节的 Prompt，比如增加 intersection（十字路口）、bus stop（公交车站）和 roadside stall（路边小店）。

Prompt: street, intersection, bus stop, roadside stall, sunshine,ultra detailed, photorealistic, 4K --ar 4:3

Midjourney 生成的图片如图 3-66 所示。

（a）

（b）

图 3-66

我们可以发现，如果希望增加图片的细节，那么单纯地堆砌 Prompt 无法达到目的。无论是常规模型还是 Niji 模型，都尝试生成一个公交车站和路边小店结合体的图片。很显然，这不是我们想要的。

到了这一步，我们必须尝试更连贯地描述内容。比如，“这是一个城市的十字路口，旁边有公交车站和路边小店，阳光很好”。我们可以自己翻译，也可以借助一些 AI 工具把想表达的内容翻译成流利的英文，即“a sunny city intersection, with a bus stop and roadside stalls nearby.”

Midjourney 可以接受自然语言（就是人类的连续性描述语言）输入。所以，我们可以把更多的细节用自然语言告诉 Midjourney。

Prompt: a sunny city intersection, with a bus stop and roadside stalls nearby, ultra detailed, photorealistic, 4K --ar 4:3

Midjourney 生成的图片如图 3-67 所示。

（a）

（b）

图 3-67

常规模型生成的图片比 Niji 模型生成的图片更贴切一些，两者生成的图片都远好于之前堆砌 Prompt 生成的图片。Midjourney 可以接受很长的自然语言输入。你可以自行输入详细的描述，看一看 Midjourney 生成的图片能在多大程度上符合你的描述。笔者猜测，在大多数情况下，你都不会失望。

在本节的最后部分，我们一起看一下如何生成不同风格的城市街景的图片。当然，我们可以描述很多不同的风格。如图 3-68 所示，在 Prompt 中加入“1940s”，Midjourney 就能生成 20 世纪 40 年代的街景的图片了。

Prompt: a sunny city intersection, with a bus stop and roadside stalls nearby, 1940s, ultra detailed, photorealistic, 4K --ar 4:3

Midjourney 生成的图片如图 3-68 所示。

图 3-68

但是，对更复杂的风格怎么表达呢？比如，对于如图 3-69（a）所示的这张看起来有点阴森恐怖的黑白图，如果希望用这种风格构造一个街景，该怎么做呢？

如前所述，最大的问题不是 Midjourney 不能理解 Prompt，而是我们很难描述一张图片的风格。多亏有“/describe”命令“神器”，我们可以借助这个命令抽取一张现成的图片的风格。使用“/describe”命令得到了图 3-69（b）的 Prompt 后，选择第 4 组 Prompt。

（a）

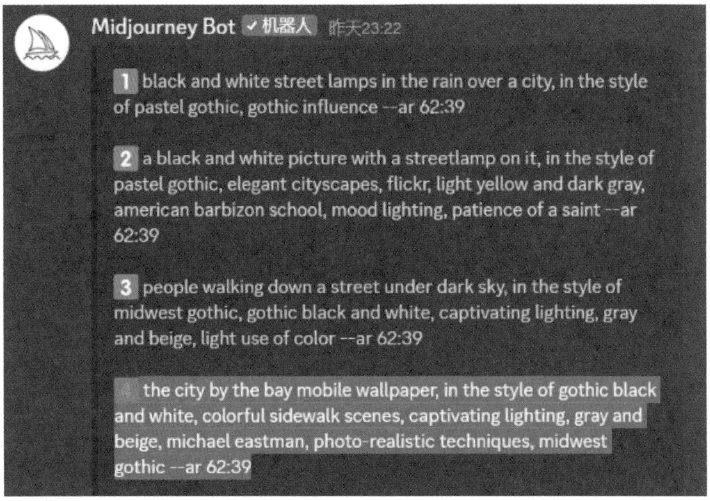

（b）

图 3-69

Prompt: the city by the bay mobile wallpaper, in the style of gothic black and white, colorful sidewalk scenes, captivating lighting, gray and beige, michael eastman, photo-realistic techniques, midwest gothic --ar 62:39（海湾边的城市手机壁纸，哥特式黑白风格，色彩鲜艳的人行道场景，迷人的照明，灰色和米色调，Michael Eastman 风格，照片写实技法，中西部哥特式风格，宽高比为 62∶39）

我们都知道，Midjourney 给出的 Prompt 的前半部分描述的是画面内容，后半部分描述的是画面风格。这样，我们就可以直接使用后半部分描述风格的 Prompt，即“in the style of gothic black and white, colorful sidewalk scenes, captivating lighting, gray and beige, michael eastman, photo-realistic techniques, midwest gothic --ar 62:39”，拼接上我们自己描述的画面内容“city intersection, with a bus stop and roadside stalls nearby”。

Prompt: city intersection, with a bus stop and roadside stalls nearby, in the style of gothic black and white, colorful sidewalk scenes, captivating lighting, gray and beige, michael eastman, photo-realistic techniques, midwest gothic --ar 62:39

Midjourney 生成的图片如图 3-70 所示。

图 3-70

我们得到了有原图风格的城市十字路口的图片，效果非常不错。

借助“/describe”命令强大的风格抽取功能，我们可以随心所欲地打造城市街景。比如，我们使用一个山间小镇图生成想要的图片，如图 3-71 所示。

从使用“/describe”命令得到的结果中选择一组 Prompt: pedestrians walking down the street looking at the shops, in the style of zhichao cai, 32k uhd, rustic charm, mountainous vistas, daguerreian, passage, wet-on-wet blending --ar 47:31（行人走在街上逛商店，Cai Zhichao 风格，32K 超高清，质朴的魅力，多山的景色，盖达尔全景，长廊，湿式色彩混合技法，宽高比

为 47：31）

（a）

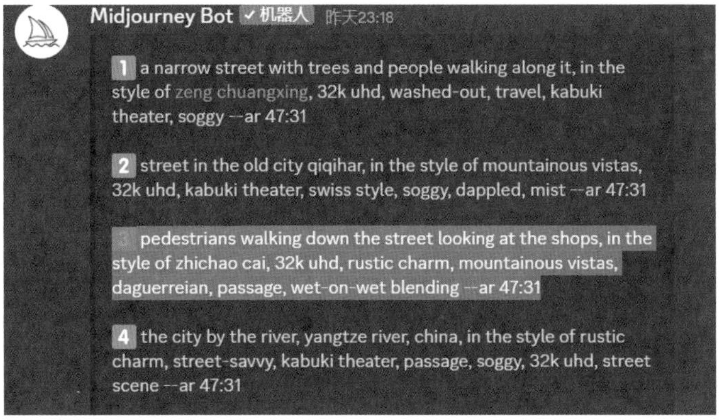

（b）

图 3-71

继续截取后半部分描述风格的 Prompt，拼接上我们自己描述的画面内容。

Prompt: city intersection, with a bus stop and roadside stalls nearby, in the style of zhichao cai, 32k uhd, rustic charm, mountainous vistas, daguerreian, passage, wet-on-wet blending --ar 47:31

Midjourney 生成了一个山间小镇的街道路口的图片，如图 3-72 所示。

图 3-72

关于街景的内容还可以继续介绍，比如可以进一步指定建筑样式、建筑师的风格等，这些都留给有心的读者自行探索。

小结

一些描述城市街景的 Prompt 如下：intersection 或 crossroad（十字路口）、utility pole 或 lamp post（电线杆）、phone booth（公共电话亭）、mailbox（邮箱）、garbage can 或 trash can（垃圾箱）、street sign 或 traffic sign（路标）、bus stop（公交车站）、taxi stand（出租车停靠点）、zebra crossing（人行横道）、billboard 或 advertising（广告牌）、newsstand（报刊亭）、street performer（街头艺人）、subway entrance（地铁入口）、footbridge（行人天桥）、elevated railway（高架铁路）、roadside stall（路边小店）、open-air restaurant（露天餐厅）、traffic light（红绿灯）、cityscape（城市景观）、skyscraper 或 high-rise building（高楼大厦）、sidewalk 或 pavement（人行道）、pedestrian 或 passerby（行人）、street food vendor（街头小贩）、overpass（立交桥）、bustling street（拥挤的街道）。

读者可以组合使用这些 Prompt。值得注意的是，把一些 Prompt 简单地放在一起使用效果不佳，读者可以尝试使用包含多个 Prompt 的长句描述场景。

3.3.3 自然环境

自然环境的图片可能是 Midjourney 生成得最多的一类图片。其实，只要使用最基础的描述自然环境的 Prompt，Midjourney 就能生成得很好。比如，使用“mountain”（山脉），再加上一个描述性 Prompt ——“landscape”（自然风景），以及 3.3.2 节介绍的“ ultra detailed, photorealistic, 4K”这个增加细节的 Prompt 词组。

Prompt: mountain, landscape, ultra detailed, photorealistic, 4K --ar 4:3

Midjourney 生成的图片如图 3-73 所示。

（a）

（b）

图 3-73

很显然，还可以像之前生成场景的图片一样，加入描述天气的 Prompt。比如，下雪（snowy）的山脉或者阳光（sunshine）下的山脉。

Prompt: mountain, landscape, snowy, ultra detailed, photorealistic, 4K --ar 4:3

Midjourney 生成的图片如图 3-74 所示。

Prompt: mountain, landscape, sunshine, ultra detailed, photorealistic, 4K --ar 4:3

Midjourney 生成的图片如图 3-75 所示。

当然，你不要忘记四季对自然景观的影响，可以在 Prompt 中加入“spring”（春季）或者“autumn”（秋季）。

Prompt: mountain, landscape, sunshine, spring, ultra detailed, photorealistic, 4K --ar 4:3

（a）

（b）

图 3-74

（a）

（b）

图 3-75

Midjourney 生成的图片如图 3-76 所示。

（a）

（b）

图 3-76

Prompt: mountain, landscape, sunshine, autumn, ultra detailed, photorealistic, 4K --ar 4:3

Midjourney 生成的图片如图 3-77 所示。

（a）

（b）

图 3-77

你可以自行组合描述各个场景和天气的 Prompt，得到想要的自然景观。对于自然景观，你可能希望用不同的风格表现，尽管这属于第 4 章介绍的内容，但是这里简单介绍一下。

在 Prompt 中加入“oil painting”可以生成油画风格的图片。

Prompt: mountain, landscape, sunshine, autumn, oil painting --ar 4:3

Midjourney 生成的图片如图 3-78 所示。

（a）

（b）

图 3-78

在 Prompt 中加入“ink style”可以生成水墨风格的图片。

Prompt: mountain, landscape, sunshine, autumn, ink style --ar 4:3

Midjourney 生成的图片如图 3-79 所示。

（a）

（b）

图 3-79

如果希望生成的图片达到顶级的效果，要怎么做呢？

National Geographic（《国家地理》）杂志中有很多让人惊叹的美图，我们可以直接使用这组 Prompt——“national geographic”。

Prompt: mountain, landscape, sunshine, autumn, national geographic, ultra detailed, photorealistic, 4K --ar 4:3

Midjourney 生成的图片如图 3-80 所示。

图 3-80

与之前生成的图片相比，你会发现，加上“national geographic”之后，图片的细节没有加强［毕竟在之前的图中也强调了超细节（ultra detailed）］，但在整体的光影呈现上则很明显地更进了一步。

如果你希望生成更多风格的图片，不妨试一试在 Prompt 中加入“game scene graph”（游戏场景图）和“fantasy realism”（奇幻写实）。我们也可以使用“/describe”命令复制想要参考的任意自然风景图的内容或者风格。

小结

使用以下简单地描述自然环境的 Prompt 即可获得良好的效果：lake（湖泊）、mountain（山脉）、forest（森林）、starry sky（星空）。

对于自然环境，四季的影响非常大，要记得加上 spring（春）、summer（夏）、autumn（秋）、winter（冬）。

可以使用“ultra detailed, photorealistic, 4K”加强细节，还可以使用“national geographic”进一步得到更好的光影表现效果。

3.4 生成静物图片

3.4.1 水果

按照惯例，我们还是从简单的开始介绍。本节就不对比 Niji 模型生成的图片了。

首先，让 Midjourney 画一个苹果（an apple），在 Prompt 中加入已经习惯使用的“ultra detailed, photorealistic, 4K”。

Prompt: an apple, ultra detailed, photorealistic, 4K --ar 4:3

Midjourney 生成的图片如图 3-81 所示。

图 3-81

然后，为了获得最佳品质，我们不妨强调一下静物摄影（still life photography）。

Prompt: an apple, still life photography, ultra detailed, photorealistic, 4K --ar 4:3

Midjourney 生成的图片如图 3-82 所示。

图 3-82

与之前没有使用“still life photography”生成的图片相比，这次生成的画面效果有所提升。下面继续使用一些与静物相关的 Prompt，比如“minimal still life”（极简静物）。

Prompt: an apple, minimal still life --ar 3:2

Midjourney 生成的图片如图 3-83 所示。

图 3-83

很明显，强调极简风格的图片的背景最大化地简化了。

为了突出光影变化，我们可以在 Prompt 中加入“light still life”（光影静物）。

Prompt: an apple, light still life --ar 3:2

Midjourney 生成的图片如图 3-84 所示。

图 3-84

我们还可以组合使用描述静物风格的 Prompt，比如“minimal still life”和“light still life”的组合。

Prompt: an apple, minimal still life, light still life --ar 3:2

Midjourney 生成的图片如图 3-85 所示。

图 3-85

需要注意的是，并不是所有的 Prompt 都可以放在一起使用，有些相互矛盾的 Prompt 一起使用可能会生成一些现实世界中没有的东西。比如，如果我们既强调“抽象静物”，又强调“超细节”，即使用的 Prompt 是“an apple, abstract still life, ultra detailed, 4K --ar 3:2”，生成的图片就会非常诡异，以免引起你的不适，这里就不提供生成的图片了。

你可能见过使用一些 Prompt 组合生成的图片的画面感更强，但仔细研究就会发现无非加强了对光线、场景、细节的描述。

下面看一下比较复杂的 Prompt 组合的例子：“large fruit and bread”（大块水果和面包）、“super soft light”（极柔和的光线）、“Rembrandt style”（伦勃朗风格，在 3.2.4 节中介绍过这个 Prompt，伦勃朗光是制造高级感的不二之选）、“studio light”（工作室灯光）、“ultra detailed, photorealistic, 4K”（超细节，照片级真实，4K 分辨率）。

Prompt: large fruit and bread, super soft light, Rembrandt style, studio light, ultra detailed, photorealistic, 4K --ar 3:2

Midjourney 生成的图片如图 3-86 所示。

图 3-86

你可以注意到，对静物摄影、光影的约束，甚至对相机、胶片等的描述都会对提高质感有帮助。对这部分的系统阐述，请见第 4 章。

你仍然可以使用“/describe”命令复制各种心仪的图片的风格，并整合自己的内容描述，这个技巧已经演示过了，这里不再赘述。

小结

除了可以继续强调“ultra detailed”，我们可以使用以下关于静物摄影的 Prompt 加强氛围感: still life photography（静物摄影）, traditional still life（传统静物）, minimal still life（极简静物）, light still life（光影静物）, warm still life（暖色调静物）。

注意：有些 Prompt 是逻辑上不能组合在一起使用的，否则可能生成一些现实世界中没有的东西。

使用以下与光影、摄影相关的 Prompt，可以最大限度地控制静物摄影的效果：Rembrandt style（伦勃朗风格）、studio light（工作室灯光）、kodak aerochrome（柯达航空摄影胶片）。

3.4.2 器皿

使用以下 Prompt 生成一个现代花瓶（modern vase）。

Prompt: modern vase, super soft light, ultra detailed, photorealistic, 4K --ar 3:2

Midjourney 生成的图片如图 3-87 所示。

图 3-87

本节主要介绍如何绘制中国古代器皿，这或许是比较实用但很少有人介绍的内容。

首先，在 Prompt 中加入描述瓷器的“porcelain”和描述中国传统瓷器花纹的“dragon and phoenix pattern”（龙凤纹），生成的图片如图 3-88 所示。

Prompt: porcelain, vase, dragon and phoenix pattern, super soft light, ultra detailed, photorealistic, 4K --ar 4:3

Midjourney 生成的图片如图 3-88 所示。

图 3-88

你可以看到，在生成的瓷器图中既有古朴的，也有现代的。我们其实希望生成古代瓷器图。所以，不妨加入限定朝代的词，如“Ming dynasty”（明朝）。同时，为了加强图片中古玩的质感，可以在 Prompt 中加入“antique”（古朴的）这种形容词。我们再把花纹从龙凤纹改成云锦纹（cloud brocade pattern）。

Prompt: porcelain, vase, antique, cloud brocade pattern, Ming dynasty, super soft light,ultra detailed, photorealistic, 4K --ar 4:3

Midjourney 生成的图片如图 3-89 所示。

再试试生成其他的古代器皿（比如青铜器）的图片。我们尝试让 Midjourney 画出宣德炉，可以使用的 Prompt 有“bronze”（青铜）、“wine vessel”（爵）、“Han dynasty”（汉朝）、“coiling dragons pattern”（蟠螭纹）。

Prompt: bronze, wine vessel，coiling dragons pattern, antique, Han dynasty, super soft light,ultra detailed, photorealistic, 4K --ar 4:3

图 3-89

Midjourney 生成的图片如图 3-90 所示。看起来像模像样。不过要注意的是，如果你希望生成的古代器皿的图片完全符合历史，那么需要推敲使用的 Prompt 是否符合历史，比如花纹和青铜器皿的结合是否符合古代形制，这需要你自己把握。

图 3-90

我们可以继续尝试使用不同的 Prompt 组合："stoneware"（石器）、"crock"（罐）、"Tang dynasty"（唐朝）、"plum blossom pattern"（梅花纹）。

Prompt: stoneware, crock, plum blossom pattern, antique, Tang dynasty, super soft light, ultra detailed, photorealistic, 4K --ar 4:3

Midjourney 生成的图片如图 3-91 所示。

图 3-91

画面非常真实，Midjourney 以假乱真的本事是非常高的，我们作为创作者在这点上必须有很好的把握。

小结

可以使用以下 Prompt 指定器皿的材质：bronze（青铜）、porcelain（瓷器）、stoneware（石器）等。

可以使用以下 Prompt 生成古代器皿的图片：vase（花瓶）、bowl（碗）、plate（盘）、cup（杯）、jar（瓶）、pot（壶）、crock（罐）、food box（簋）、wine vessel（爵）、wine cup（觚）、incense burner（香炉）、lamp（灯）。

可以使用以下 Prompt 生成各种传统花纹的图片：crabapple blossom pattern（海棠花纹）、chrysanthemum pattern（菊花纹）、orchid pattern（兰花纹）、peony pattern（牡丹花纹）、plum pattern（梅花纹）、dragon and phoenix pattern（龙凤纹）、coiling dragons pattern（蟠螭纹）、fish scale brocade pattern（锦鳞纹）、cloud brocade pattern（云锦纹）、lotus pattern

（莲花纹）、peach blossom pattern（桃花纹）、bamboo pattern（竹纹）、pomegranate pattern（石榴纹）、gourd pattern（葫芦纹）。

可以使用以下 Prompt 生成各种家具的图片：table（桌子）、chair（椅子）、stool（凳子）、bed（床）、cabinet（橱柜）、case（箱子）、screen（屏风）、lounge chair（躺椅）、couch（卧榻）、footstool（脚凳）。

可以使用以下 Prompt 辅助加强整体品质：exquisite（精致的）、antique（古朴的）、delicate（玲珑的）、elegant（雅致的）、translucent（半透明的）、sense of history（历史感）、cultural heritage（文化底蕴）、artistry（艺术性）、collection value（收藏价值）、masterpiece（传世精品）。

可以使用以下 Prompt 让生成的图片的内容尽可能符合指定的朝代：Pre-Qin period（先秦）、Qin dynasty（秦朝）、Han dynasty（汉朝）、Three Kingdoms（三国）、Jin dynasty（晋朝）、Northern and Southern dynasties（南北朝）、Sui dynasty（隋朝）、Tang dynasty（唐朝）、Five Dynasties and Ten Kingdoms（五代十国）、Song dynasty（宋朝）、Yuan dynasty（元朝）、Ming dynasty（明朝）、Qing dynasty（清朝）。

3.4.3 潮玩

下面介绍当代潮流玩具（简称潮玩）图的生成。人们经常用 Midjourney 生成潮玩图。生成潮玩图的核心是使用一系列风格限定类的 Prompt。本节就不从生成简单的图片开始介绍了，因为要生成潮玩图，就必须使用一组 Prompt，如“full body, chibi style, cute style, C4D, fashion toys, mockup, pop mart, glossy materials, luster, delicate, digital art, ultra detailed, 4K”（全身，卡哇伊风格，可爱风格，C4D，时尚玩具，模型，潮玩，光滑的材质，光泽，精致，数字艺术，超细节，4K 分辨率）

下面使用上述 Prompt 生成可爱的小女孩（lovely little girl）的潮玩效果图。

Prompt: lovely little girl, full body, chibi style, cute style, C4D, fashion toys, mockup, pop mart, glossy materials, luster, delicate, digital art, ultra detailed, 4K

萝卜青菜，各有所爱。作者再选择一个 Prompt 组合继续演示。

Prompt: train model, full body, chibi style, cute style,C4D, fashion toys, mockup, pop mart, glossy materials, luster, delicate, digital art, ultra detailed, 4K --ar 3:4

图 3-93 所示为使用上述 Prompt 生成的可爱的火车的潮玩效果图。

（a）　　　　　　　　（b）

图 3-92

（a）　　　　　　　　（b）

图 3-93

Prompt: ship model, chibi style, full body, cute style,C4D, fashion toys, mockup, pop mart, glossy materials, luster, delicate, digital art, ultra detailed, 4K --ar 3:4

图 3-94 所示为使用上述 Prompt 生成的可爱的船模型的潮玩效果图。

（a）

（b）

图 3-94

对于很多小朋友来说，一个城堡（castle）模型是梦寐以求的。

Prompt: castle model, chibi style, cute style,C4D, fashion toys, mockup, pop mart, glossy materials, luster, delicate, digital art, ultra detailed, 4K --ar 3:4

Midjourney 生成的图片如图 3-95 所示。

Midjourney 在生成潮玩图这方面的表现又一次超出了作者的预期。

你只需要掌握以上 Prompt 组合使用的方法，就可以尽情发挥自己的想象力，打造自己心目中的潮玩。

（a）　　　　（b）

图 3-95

小结

我们使用以下 Prompt 组合，即可生成潮玩图：

“full body, chibi style, cute style, C4D, fashion toys, mockup, pop mart, glossy materials, luster, delicate, digital art, ultra detailed, 4K”（全身，卡哇伊风格，可爱风格，C4D，时尚玩具，模型，潮玩，光滑的材质，光泽，精致，数字艺术，超细节，4K 分辨率）

也可以使用以下 Prompt 组合，生成的效果基本一致。

“full body, blind box, cute, sophisticated color palette, resin material,soft pastel gradients, display lighting, 3D icon clay render, OC renderer, pop mart toys,ultra detailed, 4K”（全身，盲盒，可爱，精致的色板，树脂材质，柔和的过渡色，展示光线，3D 图标黏土渲染，OC 渲染器，潮玩，超细节，4K 分辨率）

第 4 章

Midjourney 的高阶创作

M I D J O U R N E Y

4.1 艺术风格

艺术风格，是指在视觉艺术领域中，具有相似审美特征和风格表现的艺术作品的集合。它通常是在一定的历史背景、文化和艺术传统下产生的，并且在一定的时间和地域范围内具有一定的影响力。

4.1.1 艺术形式

艺术形式是指艺术作品的外在表现形式，例如插画（illustration）、油画（oil painting）、照片（photograph）、水彩画（watercolor painting）、素描（sketch）、中国风水墨画（Chinese ink painting）、雕塑（sculpture）、版画（block print）等。

下面让 Midjourney 演示不同的艺术形式在同样的语境下生成的图片的差异。

Prompt: illustration, the little orange cat on the balcony（插画，小橘猫在阳台上）

Midjourney 的常规模型对语义的理解更加透彻，从生成的四张图片中基本上能识别出是小橘猫，如图 4-1（a）所示，但是 Niji 模型生成的左上方的图片为猫和橘子，如图 4-1（b）所示，其在语义的理解上稍微差一些，但在整体插画风格上，Niji 模型生成的图片的色彩更丰富、更有层次感。本章后面各图中的（a）图为常规模型生成的图片，（b）图为 Niji 模型生成的图片。

下面再来看一看生成的油画风格的图片。保持其他描述不变，只把 Prompt 中的"illustration"替换成"oil painting"。

Prompt: oil painting, the little orange cat on the balcony

Midjourney 生成的图片如图 4-2 所示。

这时，我们可以发现，油画风格更偏向于写实。常规模型生成的图片的效果较好，而由于 Niji 模型默认生成的图片风格偏向于卡通与二次元，所以在油画特征上的表现力看起来并不明显。所以，如果你在创作中更偏向于让 Midjourney 生成写实类风格的图片，那么默认的常规模型生成的图片的效果是最好的。

（a）

（b）

图 4-1

（a）

（b）

图 4-2

下面继续以这只小橘猫为例，再对比一下照片风格的图片。

Prompt: photograph, the little orange cat on the balcony

Midjourney 生成的图片如图 4-3 所示。

（a）

（b）

图 4-3

作为创作者，我们在选择合适的艺术形式之前，需要明确以下三点：

（1）创作目的和意图。要明确创作的目的和意图，想清楚使用 Midjourney 生成图片时想表达的主题和情感，这有助于我们选择合适的艺术形式来表达和传递想法。

（2）个人技能和经验。传统的艺术创作考验的是创作者的经验和手艺，Midjourney 的出现降低了技能操作的门槛，但对掌握创作的相关知识仍然有一定的要求。如果我们在相关的领域中有一定的积累，那么可以使用 Midjourney 更准确、更快地创作出更多的作品。

（3）合适的艺术形式。创作者需要在明确创作意图后，进一步确定想要表现的艺术形式，是雕塑还是水彩画？这些都需要创作者用 Prompt 告诉 Midjourney。

小结

除了本节开头提到的艺术形式，还有哪些艺术形式呢？不妨试一试以下 Prompt：old photograph（老照片）、paper cut craft（剪纸）、miniature faking（迷你仿制）、patchwork collage（拼贴画）、dripping（油漆）、splatter paint（飞溅油漆）、pastel drawing（粉笔画）、tattoo art（文身）、one-line drawing（单线图）、origami（折纸）、spray paint（喷漆）、glitch art（故障艺术）、gap art（缝隙艺术）、marble statue（大理石雕像）等。

4.1.2 渲染引擎和渲染软件

什么是渲染引擎？渲染引擎是一种软件组件或程序，用于将输入的数据（如文本、图像、三维模型等）转换为可视化的输出，负责解释输入数据的各个元素，并进行光照、阴影、颜色、纹理、透视等处理，最终生成逼真的图像或动画。

需要说明的是，渲染引擎和渲染软件是两个不同的概念，渲染软件是指利用渲染引擎的功能，提供用户界面和工具，以便艺术家或设计师创建、编辑和控制渲染过程的软件，比如我们常见的 Photoshop 是一款渲染软件，Photoshop 支持包括 V-Ray 及 Octane Render 等第三方渲染引擎插件。

下面介绍渲染引擎及渲染软件在 Midjourney 中的应用。

1. 渲染引擎：虚幻引擎（Unreal Engine）

虚幻引擎是一款非常流行的游戏引擎，被用于开发游戏和软件，如《堡垒之夜》等。此外，虚幻引擎还被广泛地应用于影视剧制作、建筑、舞台艺术等领域。使用以下 Prompt 可以生成图 4-4 所示的图片。

Prompt: Unreal Engine，The Corner Tower of the Forbidden City, on a late autumn afternoon（虚幻引擎，紫禁城角楼，秋日午后）

（a）

（b）

图 4-4

仔细对比常规模型和 Niji 模型在虚幻引擎下的生成效果。首先，两个模型生成的图片都非常立体、真实，细节与光影层次分明，常规模型在描绘上更偏向生活中真实的视角，其生成的图片色彩较暗一些，对比度更高，特别像一些大型单机游戏中的效果，而 Niji 模型生成的图片则带有明显的卡通化 3D 游戏效果，在视角表现上比常规模型更窄，主体更加突出。

2. 渲染软件：Cinema 4D

Cinema 4D 是一款专业的 3D 建模、动画和渲染软件，由德国 MAXON Computer 公司开发，可用于影视剧制作、广告、工业设计、游戏开发等领域。下面依然以紫禁城角楼为例，来看一看在 Prompt 中加入“Cinema 4D”后生成的图片。

Prompt: Cinema 4D，The Corner Tower of the Forbidden City, on a late autumn afternoon（Cinema 4D，紫禁城角楼，秋日午后）

Midjourney 生成的图片如图 4-5 所示。

（a）

（b）

图 4-5

从图 4-5 中可以看出，Niji 模型生成的图片在色彩上更明亮，并且更突出卡通游戏的风格，常规模型生成的图片则更真实，色调更暗。

虚幻引擎和 Cinema 4D 虽然是两个不同的概念和产品，但在 Midjourney 中，我们只把渲染引擎或者渲染软件的名称作为 Prompt 就可以实现这些程序的渲染效果。在常规模型中两者生成的图片效果差别并不明显，这是因为 Cinema 4D 和虚幻引擎在画面表现上都支持逼真的三维场景和动画生成，在工业领域中 Cinema 4D 偏向于影视特效，而虚幻引擎侧重于游戏开发，两者的用途本身就有一定的交集。

除了知名的虚幻引擎和 Cinema 4D，还有其他的渲染引擎/软件，如 Arnold、Redshift、Render Man 及 Maxwell Render 等。

基于 Midjourney，渲染引擎或软件的差异性正在大幅缩小，特别是在软件本身的操作界面及性能差异上，最后殊途同归，仅通过 Midjourney 上的 Prompt 描述即可创作复杂而又精细的作品。

在本节的紫禁城角楼案例中，常规模型使用虚幻引擎和 Cinema 4D 生成的图片的差异更多地体现在算法层面，而非技术层面，即在光影渲染上，而非在使用操作和工作流程中，这是由两个软件本身的业务场景所决定的。Niji 模型生成的图片也如此，使用虚幻引擎生成的画面更偏游戏风格，而使用 Cinema 4D 生成的画面更偏 3D 动画风格。

本节使用渲染引擎的目的是生成非常逼真的画面，如果想要生成低像素的画面该如何描述呢？其实我们可以告诉 Midjourney 生成一些像素风格的画面，常见的像素风格有 8-bit（8 比特）和 16-bit（16 比特）。图 4-6 为在 Prompt 中加入“8-bit”生成的图片。

Prompt: The Corner Tower of the Forbidden City, on a late autumn afternoon, 8-bit（紫禁城角楼，秋日午后，8 比特）

（a）

（b）

图 4-6

小结

这些不同的渲染引擎和渲染软件最大的共同点是都被用于 3D 渲染和动画制作，可以生成高质量的静态图片和动画，以及添加不同的扩展插件和特效，甚至使用自动化工作流程。它们之间最主要的区别在于以下几个方面。

- 算法：不同的渲染引擎和渲染软件使用不同的渲染算法，例如光线追踪、光栅化、体积渲染等。这些算法对光照、材质、阴影等方面的处理不同，也影响了渲染效果和速度。
- 可编程性：一些渲染引擎和渲染软件支持编写着色器和计算程序，从而可以实现自定义的渲染效果和处理方式。
- 兼容性：不同的渲染引擎和渲染软件支持的文件格式和插件可能不同，这些差异会影响用户的工作流程和渲染结果。
- 成本：一些商业化的渲染引擎和渲染软件需要付费购买，而一些开源的渲染引擎和渲染软件则免费使用。
- 门槛：一些渲染引擎和渲染软件可能需要用户具备一定的技术水平和使用经验才能使用。

4.1.3 大师流派

本节主要介绍全球范围内的知名艺术家和艺术流派。艺术家的作品有不同的艺术风格和艺术形式，同时也反映了当时社会、文化和思想的变化。比如，莫奈的艺术风格主要体现在柔和的色彩、模糊的轮廓及刻画户外主题，艺术形式主要是油画和素描，而梵高的艺术风格体现在对鲜艳色彩的运用，线条粗糙扭曲，通过较厚的油画颜料呈现一种立体感；达利的作品则多以奇幻的场景与形象作为描绘对象，对画面的精细程度非常注重，多以油画、水彩画和版画作为艺术形式。

目前，较为知名的艺术家如下。

（1）克劳德·莫奈（Claude Monet）。19 世纪末法国印象派画家，以描绘光线和色彩的变化著称，代表作品有《睡莲》《日出·印象》等。

（2）文森特·威廉·梵高（Vincent van Gogh）。19 世纪末荷兰后印象派画家，以强烈的色彩和线条表现出内在情感，代表作品有《星月夜》《向日葵》等。

（3）萨尔多瓦·达利（Salvador Dali）。20 世纪西班牙超现实主义画家，以超现实的幻想和夸张的手法著称，代表作品有《记忆的永恒》《一条安达鲁狗》等。

（4）巴勃罗·毕加索（Pablo Picasso）。20 世纪西班牙现代派画家，以多样化的风格和形式表现出对现代社会的关注，代表作品有《亚维农的少女》《格尔尼卡》等。

（5）安迪·沃霍尔（Andy Warhol）。20 世纪美国波普艺术大师，其作品以商业文化和大众媒体为主题，代表作品有《金宝汤罐头》《马丽莲·梦露》等。

下面让 Midjourney 绘制一组兔子的图片，并对比不同艺术家笔触下的风格。

Prompt: Monet, rabbit in the thicket（莫奈，草丛中的兔子）

莫奈风格的图片如图 4-7 所示。

常规模型生成的四张图中的兔子的风格与莫奈的短而粗、非连续、重复且碎片化的色彩笔触一致，而 Niji 模型生成的图片中相关的艺术家风格权重占比较少，对卡通风格的呈现权重更高。另外，Niji 模型生成的兔子图片既有 2D 风格的，也有 3D 风格的，存在一定的随机性。

接下来，看一下梵高笔下的兔子是什么样的。

Prompt: Vincent van Gogh, rabbit in the thicket

Midjourney 生成的图片如图 4-8 所示。

因为莫奈和梵高都属于印象派画家，所以他们的作品在光影、线条轮廓和色彩上有许多相同点：

（1）光影。他们都非常擅长通过对光影的细腻表现创造出画面的立体感。

（2）线条轮廓。他们都非常注重自然的表现和描绘，通过对自然的观察和感受创造出具有生命力与情感的作品。

（a）

（b）

图 4-7

（a）

（b）

图 4-8

（3）色彩。他们都善于利用色彩的变化和对比创造出画面的表现力与情感张力，作品中有鲜艳、明亮、富有生命力的色彩。

他们的作品在以下几个方面有细微的区别。

（1）笔触。梵高的笔触更长而粗，笔画之间的距离更大，呈现出较为明显的笔触质感。莫奈的笔触呈现出模糊的效果，通过短小的笔触点来描绘景物的光影和氛围。

（2）情感。梵高常通过重压和颤动等表现方式表达激动与不安的情绪，而莫奈的笔触则更加轻盈和自然，更多地强调色彩和光影的变化。

（3）色彩。梵高通常注重用深色与浅色的交替叠加表达对比效果，莫奈则更注重色彩的层次感和渐变效果。

下面再来看一下波普艺术的代表人物之一——安迪·沃霍尔的艺术风格，如图 4-9 所示。

Prompt: Andy Warhol, rabbit in the thicket

我们使用常规模型和 Niji 模型分别生成了安迪·沃霍尔风格的图片，其色彩更加明艳，常规模型生成的图片简单且富有冲击力，色彩碰撞明显，Niji 模型生成的图片在融合了二次元风格后色彩更加明亮、年轻化。

（a）

（b）

图 4-9

小结

通过学习本节的内容，你应该对艺术家的风格及其流派的差异有了基本的认知。如果两位艺术家属于相近的流派，那么作品在整体表现上是大同小异的，流派的风格差异越大，Midjourney 生成的图片越不同，而好的艺术家本身会自成一派。

除了本节中提到的几位有代表性的艺术家及其流派，你也可以试一试使用其他不同艺术时期的风格。例如，Baroque（巴洛克）、Fauvism（野兽派）、Cubism（立体派）、Op Art（光学艺术）、Victorian（维多利亚）、Futuristic（未来主义）、Minimalist（极简主义）、Brutalist（粗犷主义）、Constructivist（建构主义）、Realism（写实主义）、Ultra Modern（超现代）、Surreal（超现实主义）、Cyberpunk（赛博朋克）、Ukiyo-e（浮世绘）、Wasteland（废土）及 Digitally Engraved（数字雕刻）等。

4.1.4　历史和神话

本节从历史和神话的角度启发你进行创作。历史和神话有着密不可分的关系，神话中的故事和传说描述的是人类起源、文明发展、宗教信仰、道德观念等方面的内容。

神话与影视作品也有密切的关系，不少影视作品都是基于神话创作的。主要的神话有以下几个：

（1）希腊神话。希腊神话是影响深远的古代神话之一，许多电影和电视剧都是基于希腊神话创作的，如《特洛伊》《海格力斯》等。

（2）北欧神话。北欧神话也是广为人知的古代神话，许多影视作品都涉及北欧神话元素，如《雷神》《维京传奇》《冰与火之歌》等。

（3）中国神话。中国神话是中国古代文化的重要组成部分，许多影视作品也是基于中国神话创作的，如《封神榜》《西游记》《牛魔王》等。

（4）日本神话。日本神话涉及创世神话、英雄传说、妖怪传说等，如《古事记》《日本书纪》等。

下面以“森林里神秘的鹿”为案例，看一看希腊神话风格的图片（如图 4-10 所示）、北欧神话风格的图片（如图 4-11 所示）、中国神话风格的图片（如图 4-12 所示）有什么区别。

Prompt: deer, forest, ethereal, mystical, Greek mythology style, Troy（鹿，森林，虚无缥缈的，神秘的，希腊神话风格，特洛伊）

Prompt: deer, forest, ethereal, mystical, Norse mythology style, Thor（鹿，森林，虚无缥缈的，神秘的，北欧神话风格，索尔）

Prompt: deer, forest, ethereal, mystical, Chinese mythology style, Journey to the West（鹿，森林，虚无缥缈的，神秘的，中国神话风格，西游记）

（a）

（b）

图 4-10

（a）

（b）

图 4-11

（a）

（b）

图 4-12

小结

本节以不同的神话及经典作品里的元素作为 Prompt，使用 Midjourney 绘制了一组“森林中神秘的鹿”的图片，让你直观地感受到了不同的历史文化在艺术表达上的差异性。

试一试补充更多让 Midjourney 绘制的细节，结合当时的媒介、艺术家及风格元素词。例如，让 Midjourney 生成一幅国风感强烈的画面，可以融入部分国风元素词：hanfu（汉服）、Chinese costume（中国风服装）、cheongsam（旗袍）、loong（龙）、Chinese phoenix（中国凤凰）、kylin（麒麟）、Chinese lanterns（中国灯笼）、kungfu（功夫）、wing tsun（咏春）、Wuxia（武侠）、kunqu opera（昆曲）、flute（笛子）、mahjong（麻将）、jade（玉）、cloisonne（景泰蓝）、porcelain（瓷）、enbroidered（绣花的）、gardens（园林）、pavilion（亭子）、temple（寺庙）、The Forbidden City（紫禁城）、The Summer Palace（颐和园）、peony（牡丹）、plum（梅花）、lotus（莲花）及 bamboo（竹子）等。

4.2 光 影

什么是光影？光影是指在物体表面或周围环境中形成的明暗对比、阴影和高光等视觉效果。在摄影中，通过灯光的投射和反射，可以产生不同的光影效果，从而为作品赋予更多的纹理感和情感。

光影艺术是摄影艺术中的一种极具表现力和创造力的形式，可以用于创造出强烈的对比、柔和的渐变、神秘的氛围等，从而增强作品的艺术表现力，为画面带来强烈的情感和生命力。

4.2.1 光源的类型

在摄影中，常见的光源类型有以下几种。

（1）自然光（natural light）。自然光是指来自太阳、大气层散射、天然火光等自然环境的光线。

（2）人工光（artificial light）。人工光是指由人工灯（如灯泡、闪光灯、LED 灯等）产生的光线。我们可以通过控制灯光的强度和角度、色温等参数制造出不同的光影效果。

（3）反射光（reflected light）。反射光是指从周围环境（如反射板、白墙、水面等）中反射回来的光线。反射光可以用于补充主光源的光线，增强画面的明暗对比和立体感。

（4）散射光（scattered light）。散射光是指天空、云层等扩散反射的光线。散射光可以产生柔和的光影效果，常用于拍摄人像和风景等。

不同类型的光源可以产生不同的光影效果，摄影师可以根据需求选择合适的光源类型和光源参数，以达到理想的拍摄效果。

假设你是一位摄影师，打算在不同类型的光源下拍摄一组人物作品。首先，你尝试在自然光条件下，用相机的自动模式在白天和夜晚分别拍摄一组男孩的照片（使用的 Prompt 如下）。

Prompt: natural light, beach, boy（自然光，海滩，男孩）

Midjourney 生成的图片如图 4-13 所示。

这时，你发现自然光的光线不可控，于是找到了海滩边上的一家咖啡店，在室内环境中手动调节了部分相机参数（关于参数的使用，将在第 4.3 节中详细介绍）。

Prompt: artificial light, boy, coffee shop, f/2.8, shutter speed 1:60, guide number 60, ISO 100（人工光，男孩，咖啡店，f/2.8，快门速度为 1/60 秒，闪光灯指数为 60，ISO 100）

（a）

（b）

图 4-13

Midjourney 生成的图片如图 4-14 所示。

（a）

（b）

图 4-14

在图 4-14 中，咖啡店里灯光的光源相对单一，画面有些暗淡。你希望借助一些反射光来增强画面的通透性，于是在 Prompt 中加入了“reflected light”，捕捉到了图 4-15 所示的画面。

Prompt: reflected light, boy, coffee shop, f/2.8, shutter speed 1:60, guide number 60, ISO 100

（a）

（b）

图 4-15

通过反射光，主体在画面中更加凸显，立体感与对比度增强，整个空间的光线也更清晰，刻画出人物在窗边思考的意境。

小结

本节主要介绍不同类型的光源的使用技巧。我们可以根据具体的拍摄场景和要求来选择合适的光源，并使用相应的技巧，生成更生动、更自然和更有吸引力的照片。

除了自然光、人工光及反射光，我们也可以使用以下手法和 Prompt。

一方面，我们可以将不同类型的光源叠加使用。在现实生活中，摄影师会在同一个场景中，同时使用自然光和人工光，通过混合光拍摄出自然而美丽的照片。

另一方面，我们也可以加入以下更细致地描述光线的 Prompt: cinematic light（电影光）、volumetric light（立体光）、rim light（轮廓光）、edge light（边缘光）、hard light（硬光）、mood lighting（情调光）、morning light（晨光）、color light（色光）、cold light（冷光）、warm light（暖光）、sun light（太阳光）、golden hour light（黄金时刻）、Rembrandt light（伦勃朗光）、Cyberpunk light（赛博朋克光）、atmospheric lighting（气氛照明）、bright light（强光）、ambient light（环境光）及 volumetric lighting（体积光）等。

4.2.2 光线照射角度

光线照射角度是指光线照射被摄物体的角度，会直接影响拍摄的效果和照片的表现力。下面是生活中常见的光线照射角度及其效果。

（1）正面光（front light）。从物体正面照射的光线，通常是最为明亮和平坦的光线。

（2）侧面光（side light）。从物体侧面照射的光线，通常会形成明暗对比，产生强烈的阴影效果。

（3）背面光（back light）。从物体背面照射的光线，通常会形成强烈的轮廓和阴影效果。

（4）顶光（top light）。从物体顶部照射的光线，通常会形成强烈的阴影效果。

下面以一组女性肖像为例来看一看光线照射角度对画面的影响。

Prompt: front light, female, upper body portrait, studio white background（正面光，女性，上半身肖像，摄影棚白色背景）

Midjourney 生成的图片如图 4-16 所示。正面光可以减少阴影和光的反射，使物体看起来更明亮、更柔和，常用于拍摄人物、产品和静物等，可以突出物体的细节和纹理。

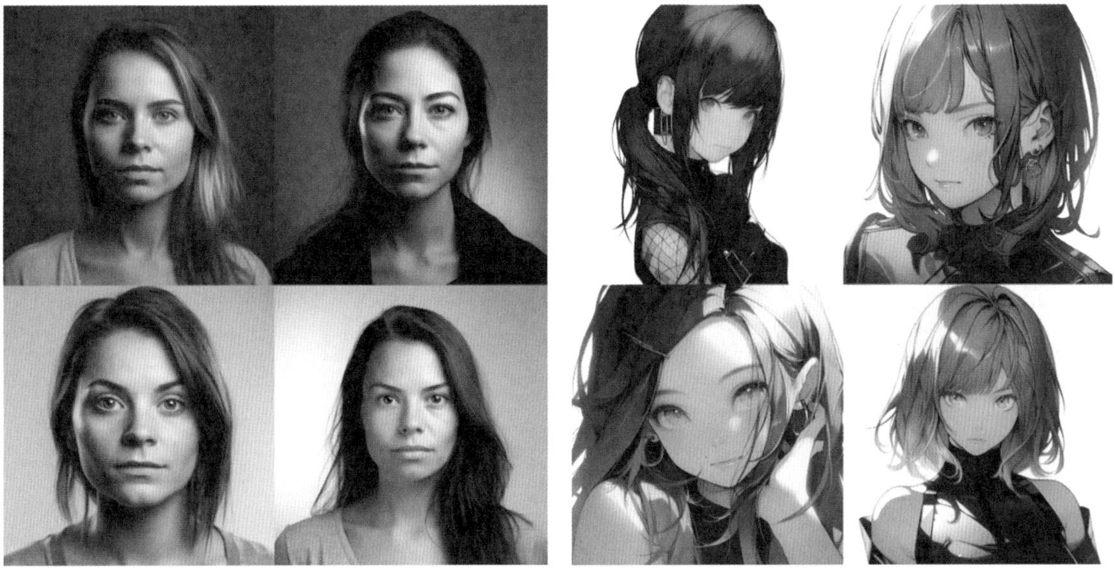

（a）　　　　　　（b）

图 4-16

Prompt: side light, female, upper body portrait, studio white background

Midjourney 生成的图片如图 4-17 所示。侧面光可以突出对象的形状和纹理，增强物体的立体感和质感，通常用于拍摄人像、风景和建筑等。

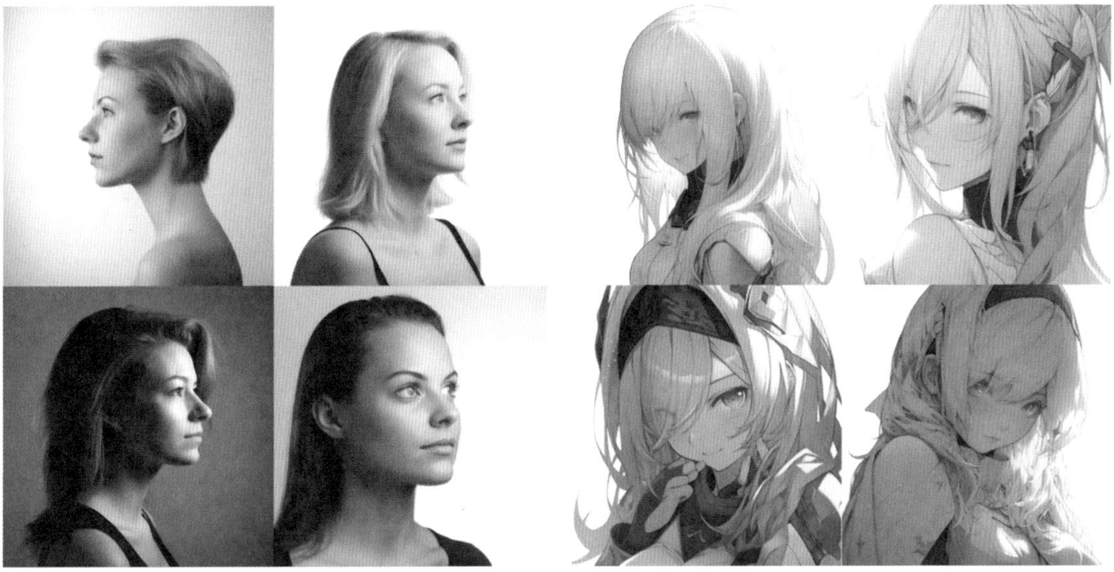

（a）　　　　　　（b）

图 4-17

Prompt: back light, female, upper body portrait, studio white background

Midjourney 生成的图片如图 4-18 所示。背面光可以突出物体的轮廓和形状，但会减少物体的纹理和细节，也带有独特的光影效果，通常用于拍摄人像、动物和植物等。

（a）　　（b）

图 4-18

Prompt: top light, female, upper body portrait, studio white background

Midjourney 生成的图片如图 4-19 所示。顶光可以突出物体的纹理和质感，但会减少物体的立体感，通常用于拍摄静物和建筑等。

（a）　　（b）

图 4-19

小结

光线照射角度在摄影与绘画中都是非常重要的一个因素。当使用 Midjourney 创作相关作品时，描述出准确的光线照射角度及光影效果，对画面表现力的把握将更准确。作为创作者，我们需要根据拍摄场景和主题选择合适的光线照射角度，以便让 Midjourney 创作的作品达到最佳的效果。

4.2.3　亮面、灰面与暗面

通常来说，给 Midjourney 提供的 Prompt 越准确，画面的细节呈现就会越符合创作者的构思。在关于人物肖像与光线照射角度的案例中，除了使用摄影与绘画中的视角名词，也可以试一试摄影与绘画中的明暗表述。

在摄影与绘画中，亮面、灰面和暗面是描述画面不同区域亮度的概念。以下是它们的具体解释：

（1）亮面（bright area）。亮面是指照片中亮度较高的区域，细节较为丰富，通常具有高光部分的反射和明亮的色彩。

（2）灰面（mid-tone area）。灰面是指照片中亮度适中的区域，即灰色或中等色调的部分，具有柔和的光线和色彩。

（3）暗面（dark area）。暗面是指照片中亮度较低的区域，即黑色或暗色的部分，具有阴影和暗淡的色彩。

Prompt: female, upper body portrait, head as the brightest area，the shoulders as the mid-tone area, the rest of the body as the dark area, studio white background（女性，上半身肖像，头部为亮面，肩膀为灰面，身体其他部位为暗面，摄影棚白色背景）

Midjourney 生成的图片如图 4-20 所示。

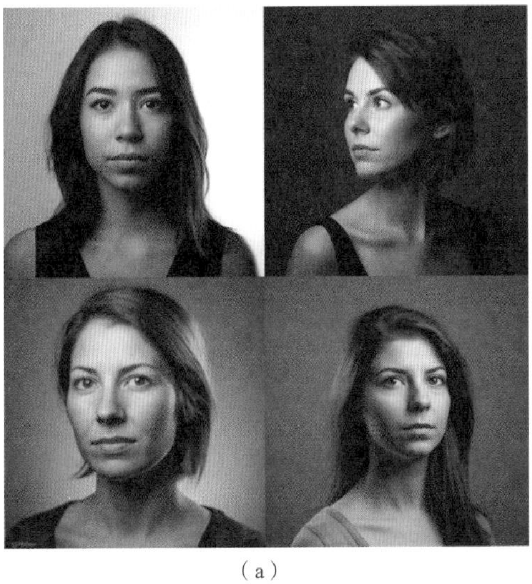

（a）

（b）

图 4-20

小结

在摄影与绘画中，掌握亮面、灰面和暗面的概念非常重要，因为它们直接影响画面的明暗、对比度和色彩表现。创作者在使用 Midjourney 进行创作时，需要根据希望构建的画面场景和主题，合理地利用亮面、灰面和暗面进行表述，创作出具有丰富表现力和艺术感的作品。

4.3 镜头表现

4.3.1 摄影类型

本节主要扩展介绍摄影中的一些概念，以便更好地理解 Midjourney 的创作。

从生活的角度来看，摄影可以记录我们生活中的重要时刻，例如婚礼、毕业典礼、旅行等，还可以记录生活中的美好，例如自然风光、城市风景、宠物等。

在商业活动中，摄影同样也是不可或缺的一部分，可以用于产品宣传、广告、品牌营销等领域。另外，企业还可以拍摄活动、会议、展览等，制作专业、高质量的宣传资料。

目前，主要的摄影类型有以下几种。

（1）人像摄影（portrait photography）。人像摄影是指以人物为主体进行的摄影，通常包括肖像照、儿童照、家庭照、婚纱照等。人像摄影需要考虑拍摄对象的表情、姿势、服装和背景等因素，以展现人物的特点和个性。人像摄影既可以用于记录生活中的重要瞬间，也可以用于商业宣传、广告等领域。

（2）风景摄影（landscape photography）。风景摄影是指以自然景观或城市风光为主体进行的摄影。风景摄影需要考虑光线、构图、色彩等因素，以呈现出景物的美感和特点。风景摄影通常用于记录旅行、探险等经历，也可以用于商业宣传和媒体报道。

（3）产品摄影（product photography）。产品摄影是指以产品为主体进行的摄影，用于展示产品的特点、优势和质量。产品摄影需要精心构图，设计灯光和背景，以提高产品的吸引力和销售量。产品摄影通常用于电商、广告宣传等领域。

（4）建筑摄影（architectural photography）。建筑摄影是指以建筑物为主体进行的摄影，用于记录建筑物的外观和内部结构。建筑摄影需要注意构图、光线、透视等因素，以展示建筑物的美感和特点。建筑摄影通常用于商业宣传、房地产营销等领域。

（5）活动摄影（event photography）。活动摄影是指以活动为主体进行的摄影，用于记录会议、展览、演出等商业活动。活动摄影需要捕捉重要时刻、人物和细节，以展示活动的氛围和内容。活动摄影通常用于宣传和报道。

下面使用 Midjourney 生成一组图片，以对比上述摄影类型的效果。我们先生成一组人像，在 Prompt 中加入主要的画面元素，包括摄影类型、人物、场景等。

Prompt: portrait photography, old couple, outdoor cafe, coffee, street-side, high-rise building, 4K（人像摄影，一对老夫妻，露天咖啡店，咖啡，街边，高楼，4K 分辨率）

Midjourney 生成的图片如图 4-21 所示。

图 4-21

Midjourney 生成的图片还不错，下面试一试风景摄影，只把 Prompt 中的“portrait photography”换成“landscape photography”。生成的图片如图 4-22 所示。

Prompt: landscape photography, old couple, outdoor cafe, coffee, street-side, high-rise building, 4K

在图 4-22 中，Midjourney 加入了街区的许多植被作为重要元素，将其融入画面中。下面再来试一试产品摄影，生成的图片如图 4-23 所示。

Prompt: product photography, advertisement, old couple, outdoor cafe, coffee, street-side, high-rise building, 4K

图 4-22

图 4-23

这可以作为咖啡店的宣传照，在突出客户的同时，也将“咖啡”进行了前置，Midjourney 生成的四张图基本上符合我们构思的画面。

如果只把“portrait photography”换成“architectural photography”，那么 Midjourney 生成的效果不太好，要么图文不符，要么在画面精细程度上比较随机。作为创作者，我们需要在 prompt 中使用连贯的语句和对细节的描述来突出要生成的图片中的元素。

Prompt: captivating architectural photography featuring real estate with an elderly couple enjoying coffee at an outdoor street-side cafe, set against a backdrop of a towering high-rise building in stunning, 4K（迷人的建筑摄影，以房地产为特色，老夫妻在街边的露天咖啡店里享受咖啡，背景是高耸入云的建筑，令人惊叹，4K 分辨率）

Midjourney 生成的图片如图 4-24 所示。

图 4-24

小结

虽然图 4-23 和图 4-24 所示的都是一对老夫妻在街头喝咖啡，但是在环境与对象的塑造上有较大的差异。我们在使用 Midjourney 时，需要考虑在画面中放入哪些元素，以及这些元素在画面中的权重和呈现方式，这样才能更准确地将脑海中的画面使用 Midjourney 表达出来。

当难以用丰富的语句描述想要表达的画面时，不妨将元素列出来，然后根据元素的重要性重新组织语言，适当地对重要的词汇展开叙述。

4.3.2 镜头参数

单反相机的镜头是摄影师用于拍摄的重要设备，本节主要介绍镜头中的主要参数，即焦距和光圈。

1. 焦距（lens）

焦距表示镜头的视角大小，一般用毫米（mm）表示。焦距越大，视角越小，拍摄出来的画面越窄，反之亦然。在摄影中，我们经常会看到“定焦镜头”这个词。它就是以固定的焦距来命名的，例如 35mm、50mm 或 85mm，而“变焦镜头”则支持在一个焦距范围内调节，以灵活适应不同的拍摄场景和主题，下面列举常见的焦距与对应的使用场景。

（1）15mm 以下。适用于拍摄极端广角场景，如大片的风景、建筑、城市街景等。

（2）16 ~ 24mm。适用于拍摄风景、建筑、城市街景等，也适用于拍摄人物肖像，可以在适当的距离拍摄到全身或半身的照片。

（3）25 ~ 35mm。适用于拍摄日常生活、人物肖像等，可以呈现出自然、真实的效果。

（4）36 ~ 50mm。适用于拍摄人像、风景等，具有一定的背景虚化效果。

（5）51 ~ 85mm。适用于拍摄人像、风景等，可以呈现出柔和的背景虚化效果，使主体更加突出。

（6）86mm 以上。适用于拍摄人像、野生动物、体育运动等，可以拍摄较远距离的物体，带有较强的背景虚化效果。

2. 光圈（aperture）

光圈表示镜头的光线透过孔径，一般用“f/数字”表示。光圈越大，孔径越大，画面越明亮，景深越浅，以下是一些常见的光圈规格和使用场景。

（1）f/1.4 ~ f/2.8。大光圈，在低光条件下可以提供更好的曝光和更浅的景深效果，适用于拍摄肖像、食物、花卉等需要突出主体的场景。

（2）f/4 ~ f/5.6。中等光圈，可以提供适当的景深和曝光，适用于拍摄建筑、城市风景等场景。

（3）f/8 ~ f/11。小光圈，可以提供更深的景深，展示更丰富的背景细节，适用于拍摄风景、建筑、静物等需要呈现细节的场景。

（4）f/16 ~ f/22。超小光圈，可以提供最深的景深，展示所有的背景细节，适用于拍摄需要呈现所有细节的场景。

下面使用 Midjourney 看一看焦距与光圈的用法。假设你穿越时空，来到了 1995 年的硅谷，拿起一台手中的拍立得相机，想要拍摄一组不同类型的“硅谷”专题照片，首先在室内拍摄一组人像。

Prompt: young man, smiling at camera, computer, lens 50-135mm, f/1.4-f/2.8, silicon valley, Polaroid,1995（年轻男子，微笑着看向镜头，计算机，焦距为 50 ~ 135mm，f1.4 ~ f/2.8，硅谷，拍立得相机，1995 年）

Midjourney 生成的人像如图 4-25 所示。

图 4-25

你环顾四周，从室内走出，在车库附近拍摄了图 4-26 所示的这组照片。为了将人物背后的细节呈现出来，你将焦距缩小，并调小光圈。

Prompt: garage, young man, smiling at the camera from 20 meters away, a row of computers in front of him, lens 16-35mm, f/2.8-f/16, silicon valley,polaroid,1995（车库，年轻男子，在镜头外 20 米微笑着看向镜头，前面有一排计算机，焦距为 16 ~ 35mm，f/2.8 ~ f/16，硅谷，拍立得相机，1995 年）

图 4-26

环顾四周，你调大了光圈，在车库附近的大楼边上拍下了图 4-27 所示的这组照片。

Prompt: a high-rise building, garage, young man, smiling at the camera, holding a computer, lens 16mm-35mm, f/8-f/11, silicon valley, polaroid, 1995（高楼，车库，年轻男子，微笑着看向镜头，手持计算机，焦距为 16 ~ 35mm，f/8 ~ f/11，硅谷，拍立得相机，1995 年）

穿过车库，你走到了主干路上，看到了熙熙攘攘的行人。有的人正在街头售卖计算机，有的人则三五成群。你再次调大了光圈，并将焦距缩小，以便捕捉更多的画面到镜头中。

Prompt: pedestrians on a busy street near a garage, young man, a row of computers in the garage, lens 30mm-50mm,f/1.4-f/2.8, silicon valley,polaroid,1995（车库附近的街道上熙熙攘攘的行人，年轻男子，车库里有一排计算机，焦距为 30 ~ 50mm，f/1.4 ~ f/2.8，硅谷，拍立得相机，1995 年）

图 4-27

Midjourney 生成的图片如图 4-28 所示。

图 4-28

小结

在使用 Midjourney 生成摄影类作品前，你要先确定创作意图及画面的元素，并选择合适的摄影类型。需要注意的是，以上只是一些经验和指导，实际上在使用 Midjourney 生成作品时，创作者应该根据具体的情况进行调整，不同的作品风格和个人喜好也会影响焦距和光圈的选择。

4.3.3 规格参数

本节介绍一组摄影中的概念供你在使用 Midjourney 时参考。

1. 像素

像素（pixel，px）是图像的最小单元，一张 800px×600px 的图像意味着在宽度上有 800 个像素，在高度上有 600 个像素，整张图合计 480 000 个像素。

2. 分辨率

分辨率（resolution）是指在特定的设备上显示的图像或屏幕的像素数量，决定了图像的细节水平和清晰度。分辨率越高，意味着像素越多，图像质量越好。

生活中常见的分辨率规格如下：

（1）640px×480px。这是 VGA（video graphics array，视频图形阵列）分辨率，通常用于低端数码相机、智能手机、网络摄像头等设备。

（2）1024px×768px。这是 XGA（extended graphics array，扩展图形阵列）分辨率，通常用于中端数码相机、笔记本电脑、液晶显示器等设备。

（3）1920px×1080px。这是 Full HD（full high definition，全高清）分辨率，通常用于高清电视机和投影仪等设备。

（4）2048px×1536px。这是 2K 分辨率，通常用于摄像机及高端显示器等设备。

（5）3840px×2160px。这是 4K 分辨率，通常用于高端单反数码相机、高端电视机等设备。

（6）6000px×4000px。这是 6K 分辨率，通常用于专业级单反数码相机等设备。

（7）7680px×4320px。这是 8K 分辨率，通常用于高端电视机，以及电影制作、虚拟现实等领域。

3. 白平衡

白平衡（white balance）旨在校正不同的光源下的色温。由于不同的光源的色温不同，图像中的白色可能呈现出偏暖（黄色）或偏冷（蓝色）的色调，通过设置适当的白平衡，可以确保整个图像色彩的准确性。白平衡的常见模式有以下几种。

（1）自动白平衡（auto white balance，AWB）。该模式通常适用于日常拍摄和快速拍摄。

（2）日光白平衡（daylight white balance）。该模式适用于在阳光充足的白天拍摄，使画面中的白色看起来更真实。

（3）阴影白平衡（shade white balance）。该模式适用于在阴影下拍摄，使画面更加明亮。

（4）白炽灯白平衡（incandescent white balance）。该模式适用于在室内使用白炽灯拍摄，使白色看起来更自然。

（5）荧光灯白平衡（fluorescent white balance）。该模式适用于在使用荧光灯照明的环境下拍摄，使白色看起来更自然。

（6）闪光灯白平衡（flash white balance）。该模式适用于使用闪光灯拍摄，使白色看起来更自然。

4. 位色

位色（bit color）表示图像中每个像素的颜色信息，决定了图像的颜色范围和颜色深度，以 8 位色（8-bit color）为例，每个像素可以选择 256 种不同颜色，简称 256 色。

常见的位色如下：

（1）1 位色（1-bit color）。1 位色也称为二进制色或单色，每个像素只有两种颜色选择，通常是黑色和白色，这是最基本的图像表示方式。

（2）8 位色（8-bit color）。每个像素可以选择 256 种不同的颜色。8 位色在早期的计算机系统和图形应用中常用。

（3）16 位色（16-bit color）。每个像素可以选择 65 536 种不同的颜色。16 位色在早期的计算机系统和显示器中使用得较多。

（4）24 位色（24-bit color）。每个像素可以选择 16 777 216 种不同的颜色。24 位色被广泛地应用于现代计算机和显示器。

（5）32 位色（32-bit color）。每个像素可以选择 4 294 967 296 种不同的颜色。32 位色常用于图像编辑、图形设计和游戏开发中，提供了更高的颜色精度和更好的透明度控制。

5. 感光度

感光度[①]（ISO）用来衡量相机或摄像机中感光元件的灵敏度，一般用 ISO 值表示。感光度越高，相机对光线的敏感度越高，可以在低光条件下拍摄清晰的照片，但同时也会增加噪点。

（1）ISO 100。ISO 100 是相对较低的感光度，具有较低的噪点水平和较高的图像质量。它适用于光线充足的环境和需要最佳图像细节与动态范围的情况，例如户外拍摄、景观摄影和静物摄影。

（2）ISO 200。ISO 200 在感光度范围中属于中等水平，提供了较好的图像质量和适度的噪点控制。它适用于多种拍摄条件，包括室内、人像、街拍等，特别是在较光亮的场景下。

（3）ISO 400。ISO 400 是一种常见的中高感光度设置，可以在光线较暗的环境下拍摄或需要更快的快门速度。它提供了更高的感光度，使摄影师能够在室内、夜间或光线不足的场景下拍摄清晰的照片。然而，与较低的 ISO 级别相比，它可能会引入一些噪点。

（4）ISO 800。ISO 800 是一种较高的感光度设置，适用于低光条件下的拍摄需求。它提供了更高的感光度，可以在光线非常有限的场景下捕捉更多的细节。然而，与较低的 ISO 级别相比，它可能会引入更多的噪点。

（5）ISO 1600。ISO 1600 是较高的感光度设置，适用于极低光条件下的拍摄。它能够在非常暗的场景中捕捉更多的细节和光线，但可能会引入明显的噪点。这个 ISO 级别常用于夜间摄影、室内活动、演唱会等需要较高感光度的场景。

（6）ISO 3200 及以上。ISO 3200 是一种较高的感光度设置，适用于极低光条件下或需要更快快门速度的情况。它提供了更高的感光度，使相机能够在非常暗的环境中捕捉更多的光线和细节。

---

① 感光度被称为 ISO 是因为国际标准化组织（International Organization for Standardization，ISO）制定了一套标准，用于测量和比较相机与胶片的感光性能。ISO 在摄影领域中被广泛接受和采用，成为代表感光度的标准术语。

6. 快门速度

快门速度[①]是相机中重要的参数之一，通过秒或几分之一秒表示时间的长短，控制着相机的曝光时间和拍摄速度。以下是快门速度的分类。

（1）高速快门（high-speed shutter）。这一档的快门速度通常是 1/8000 秒至 1/1000 秒，适用于拍摄快速运动的物体，比如拍摄运动员、赛车等。

（2）标准快门（standard shutter）。这一档的快门速度通常是 1/500 秒至 1/30 秒，是拍摄大多数日常场景的默认快门速度。在光线充足的情况下，可以获得清晰的图片。

（3）慢速快门（slow shutter）。这一档的快门速度通常是 1/4 秒至 1 秒，适用于需要捕捉运动模糊效果的场景，比如拍摄流水、拍摄旋转的风车等。

（4）极慢速快门（ultra-slow shutter）。这一档的快门速度通常是数秒或更长时间，适用于需要在低光环境下拍摄，比如拍摄星轨等。

7. 动态范围

动态范围（dynamic range）表示相机可以捕捉的亮度范围，即最暗处和最亮处之间的差异。动态范围越大，相机可以捕捉到的细节越多、亮度变化越大，拍摄出的照片越真实。常见的动态范围如下。

（1）12 位动态范围（12-bit dynamic range）。这是大多数相机传感器的标准范围。

（2）14 位动态范围（14-bit dynamic range）。这是一些高端相机和数码背景板的标准范围。

（3）16 位动态范围（16-bit dynamic range）。这是一些专业级别的相机传感器和高端数码背景板的标准范围。

看完上述摄影中的概念后，你应该大概知道怎么使用了，下面结合这部分理论练习一下。假设你的脑海中浮现出一幅网球场上运动员比赛的画面。

Prompt: men's singles tennis match, powerful serves, thrilling rallies, ATP250（男子网球单打比赛，强有力的发球，刺激的回合，ATP250 级别赛事）

Midjourney 生成的图片如图 4-29 所示。

---

① 快门速度使用秒作为单位是因为秒是时间的常用单位，具有普遍的可理解性和易于使用。在摄影中，快门速度表示相机快门打开的时间长度，也就是感光介质（如传感器或胶片）暴露于光线中的时间。

图 4-29

你可以发现，在 Midjourney 生成的右下角的图片中运动员击球的画面非常有冲击力。如果你希望生成更多、更精准的相关画面，并希望生成在户外红土场地中沙尘飞扬，运动员击球的瞬间，就需要思考如何使用 Prompt 细化动作，并提高图片质量。例如，生成网球运动员在赛场上击球的瞬间需要采用高速快门捕捉画面瞬间，拍摄堪比体育杂志的画面质量需要高分辨率和较高位色，拍摄在室外红土场上阳光下的画面需要较低的感光度以免过度曝光，并采用高动态范围来呈现更多的画面细节，调整后的 Prompt 如下。

Prompt: aggressive shot, male tennis player, powerful swing, opponent, sun-drenched outdoor clay court, high-speed shutter, mid-flight trajectory, warm sunlight, scattered light, soft glow, interplay of shadows and highlights, 8K, daylight white balance, 32-bit color, ISO 200-800, shutter speed of 1/4000 second or faster, 16-bit dynamic range（进攻性击球，男子网球运动员，有力的挥拍，对手，阳光充足的户外红土场，高速快门，中途飞行轨迹，温暖的阳光，散射光，柔和的光芒，阴影与亮点交错。8K 分辨率，日光白平衡，32 位色，ISO 200～800，

快门速度为 1/4000 秒或更快，16 位动态范围）

Midjourney 生成的图片如图 4-30 所示。

图 4-30

小结

当需要让 Midjourney 生成一幅高质量的画面时，不妨先对 Midjourney 进行概述，然后，在生成的图片中继续寻找灵感，或者从一开始就把对画面的描述和相关参数提供给 Midjourney，这样生成的画面的随机性会减少，也能更快地生成与需求相匹配的画面。

4.4 视角和构图

视角和构图在摄影中非常重要，因为它们直接影响照片的表现力和视觉效果，本节将介绍这两者的用法。

4.4.1 镜头视角

4.3.2 节介绍过焦距与光圈，本节作为延伸内容，介绍镜头。一方面，镜头决定了视角的大小和范围，同时也会影响观众对被拍摄对象的感知和理解；另一方面，镜头和焦距及光圈等规格参数密切相关，以下是常见的摄影镜头与其使用场景。

（1）超广角镜头（ultra wide-angle lens）。视角≥90°，用于拍摄宽广的风景、建筑、城市等。

（2）广角镜头（wide-angle lens）。60°≤视角<90°，用于拍摄较广的画面，适合拍摄风景、建筑、人物等。

（3）标准镜头（standard lens）。50°≤视角<60°，用于拍摄与人眼视角类似的画面，适合拍摄人物、静物等。

（4）中焦镜头（medium telephoto lens）。30°≤视角<50°，用于拍摄较近的画面，适合拍摄人像、纪实等。

（5）长焦镜头（telephoto lens）。10°≤视角<30°，用于拍摄远距离的画面，适合拍摄野生动物、体育比赛等。

（6）超长焦镜头（super-telephoto lens）。视角<10°，用于拍摄非常远的画面，适合拍摄天文景观、远处的动物等。

下面使用 Midjourney 生成图片来看一看超广角镜头和长焦镜头的拍摄效果。

Prompt: super cute boy, close up, ultra wide-angle lens, scenes in spring, on a beautiful mountain path, on a sunny day, 3D art, C4D, octane rendering, ray traction, clay materials, blind box, Pixar trend, clean background, 8K（超级可爱的男孩，特写，超广角镜头，春天漫步在美丽的山路上，天气晴朗，3D 艺术制作，C4D[1]、Octane Render 渲染引擎的效果，使用光线追踪技术，黏土材质，盲盒玩具，皮克斯画风，背景干净，8K 分辨率）

Midjourney 生成的图片如图 4-31 所示。

Prompt: super cute boy, in the distance, full body, telephoto lens, scenes in spring, on a beautiful mountain path, on a sunny day, 3D art, C4D, octane rendering, ray traction, clay materials, blind box, Pixar trend, clean background, 8K（超级可爱的男孩，在远处，全身，长焦镜头，春天漫步在美丽的山路上，天气晴朗，3D 艺术制作，使用 C4D、Octane Render 渲染引擎的效果，使用光线追踪技术，黏土材质，盲盒玩具，皮克斯画风，背景干净，8K 分辨率）

Midjourney 生成的图片如图 4-32 所示。

① C4D 即 Cinema 4D 的缩写。

图 4-31

图 4-32

小结

在使用 Midjourney 时，用 Prompt 描述的画面细节越丰富，生成的画面的可控性就越高。在创作过程中，我们可以通过镜头视角来定义画面的远近，并使用前面几节提到的各类参数来提高 Midjourney 生成的精准度。在使用 Midjourney 生成电影和摄影画面时，我们通常也会在 Prompt 中加入"Point of View"。Point of View（POV）是指摄像机或相机以特定的视角来拍摄场景，以呈现观众所看到的景象。

4.4.2 摄影构图

在摄影中，构图是指摄影师在拍摄时对画面元素的安排和组合，以达到艺术效果的一种手段。以下是常见的摄影构图方式。

（1）对称构图（symmetrical composition）。画面中的元素左右对称，可以营造出一种平衡、稳定和和谐的视觉效果。

（2）前景构图（foreground composition）。在画面中加入近景元素，可以为画面增加层次感和立体感，同时也可以营造出深度和空间感。

（3）大景深构图（deep focus composition）。通过合理设置光圈和快门速度，使画面中的前景、中景和背景都能保持清晰，可以营造出广阔和深邃的效果。

（4）黄金分割构图（golden ratio composition）。画面中的元素按照黄金分割比例排列，可以营造出美感和和谐感。

（5）对角线构图（diagonal composition）。画面中的元素沿着对角线排列，可以营造出动感和紧张感。

（6）空间构图（spatial composition）。画面中的元素在空间上分布均衡，可以营造出平衡和和谐的视觉效果。

结合上述提到的构图描述，结合 4.4.1 节的小男孩案例，让 Midjourney 使用前景构图生成一张对称的人物图片。

Prompt: super cute boy, close up, symmetrical face, ultra wide-angle lens, foreground composition, scenes in spring, on a beautiful mountain path, on a sunny day, 3D art, C4D, octane rendering, ray traction, clay materials, blind box, Pixar trend, 8K（超级可爱的男孩，特写，对称的脸，超广角镜头，前景构图，春天漫步在美丽的山路上，天气晴朗，3D 艺术制作，C4D、Octane Render 渲染引擎的效果，使用光线追踪技术，黏土材质，盲盒玩具，皮克斯画风，8K 分辨率）

Midjourney 生成的图片如图 4-33 所示。

图 4-33

超广角镜头与前景构图的应用让小男孩的面部更加突出，为了让小男孩的正面对准镜头，这里添加了对称的脸（symmetrical face）的描述。下面将画面切换成大景深构图，充分利用广角的优势，将男孩周围的元素也融入画面中。

Prompt: super cute boy, ultra wide-angle lens, deep focus composition, scenes in spring, on a beautiful mountain path, on a sunny day, 3D art, C4D, octane rendering, ray traction, clay materials, blind box, Pixar trend, 8K

Midjourney 生成的图片如图 4-34 所示。

再来试一下黄金分割构图。摄影中的黄金分割构图是一种基于黄金分割比例的构图技巧，用于将画面分割成符合人眼审美的比例。黄金分割比例指的是将画面分成两个部分，即一个较大的部分和一个较小的部分，比例约为 1∶0.618，这个比例被认为是最具平衡美感的比例之一。

Prompt: super cute boy, standard lens, golden ratio composition, scenes in spring, on a beautiful mountain path, on a sunny day, 3D art, C4D, octane rendering, ray traction, clay materials, blind box, Pixar trend, 8K

Midjourney 生成的图片如图 4-35 所示。

图 4-34

图 4-35

小结

在摄影中，构图是非常重要的。好的构图方式可以为画面增加层次感、空间感、美感和情感，让照片更加生动、有趣、吸引人。但是，构图并不是一成不变的，摄影师需要根据不同的主题和拍摄环境选择合适的构图方式进行拍摄。

可以使用的 Prompt 如下：mandala（曼陀罗）、wide view（广角）、close up（特写）、extreme close up（极度特写）、macro shot（微距拍摄）、an expansive view of（广阔的视野）、portrait（肖像）、full body（全身像）、busts（半身像）、profile（侧面）、symmetrical body（对称的身体）、symmetrical face（对称的脸）、bird view（俯视/鸟瞰图）、top view（顶视图）、front view（前视图）、symmetrical（对称）、center the composition（居中构图）、symmetrical the composition（对称构图）、rule of thirds composition（三分法构图）、S-shaped composition（S 形构图）、diagonal composition（对角线构图）、horizontal composition（水平构图）、medium shot（中景）。

4.5 材料及其质感

在产品设计中，设计师选择合适的材料是非常重要的一步，因为材料不仅会影响产品的外观和质感，还会直接影响产品的使用特性及寿命。因此，了解不同材料的特性和优缺点，对于产品设计师来说是非常必要的。

4.5.1 常见的材料

本节将介绍常见的金属、玻璃、木头、塑料、陶瓷、布料、纸、泥塑等材料的特性和应用场景。在理解了它们的特性后，结合前几节介绍的 Midjourney 的各类高阶用法，我们来看一看生成的图片的效果。

1. 金属

（1）铁（iron）。呈现灰黑色调，表面光泽度高，可塑性较低。

（2）铜（copper）。呈现明亮的黄色调和光泽，具有良好的可塑性。

（3）铝（aluminium）。呈现银白色的光泽，表面光滑，具有良好的可塑性。

下面使用描述不同金属材料的 Prompt 和描述相同造型的 Prompt 组合来直观地感受一

下不同金属的区别。

Prompt: cylindrical coffee cup, made of iron, 300ml, front view, deep focus composition, studio white background（圆柱形铁咖啡杯，300 毫升，前视图，深度聚焦构图，摄影棚白色背景）

Midjourney 生成的铁咖啡杯图片如图 4-36 所示。

Prompt: cylindrical coffee cup, made of copper, 300ml, front view, deep focus composition, studio white background（圆柱形铜咖啡杯，300 毫升，前视图，深度聚焦构图，摄影棚白色背景）

Midjourney 生成的铜咖啡杯图片如图 4-37 所示。

图 4-36

图 4-37

Prompt: cylindrical coffee cup, made of aluminium, 300ml, front view, deep focus composition, studio white background（圆柱形铝咖啡杯，300 毫升，前视图，深度聚焦构图，摄影棚白色背景）

Midjourney 生成的铝咖啡杯图片如图 4-38 所示。

图 4-38

看完 Midjourney 生成的金属咖啡杯图片后，把前面介绍的渲染引擎及镜头表现等与金属材料相结合，让 Midjourney 生成一组具有金属质感与冷酷造型的机器人图片。

Prompt: robot, iron form and texture, futuristic, surreal, Cyberpunk, exaggerated performance, strong visual impact, Unreal Engine 5, technological virtual background（机器人，铁形态和质感，具有未来主义、超现实主义和赛博朋克的特点，画面夸张，强烈的视觉冲击力，虚幻引擎 5，虚拟科技背景）

Midjourney 生成的机器人图片如图 4-39 所示。

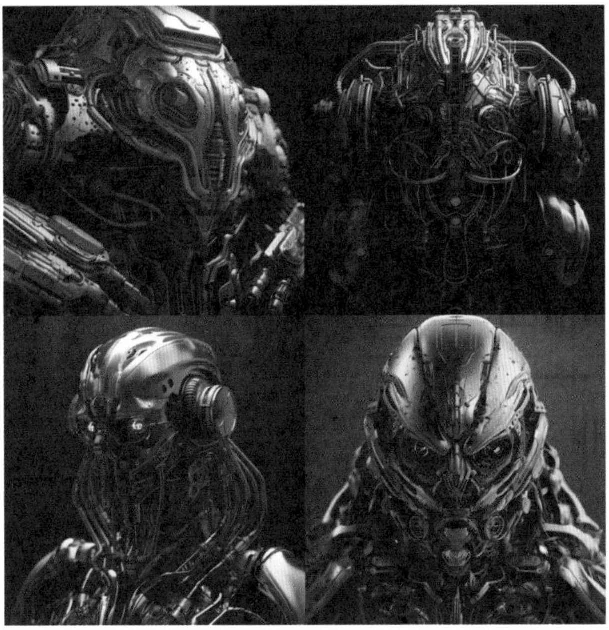

图 4-39

2. 玻璃

（1）普通玻璃（glass）。透明，无色，表面光滑，具有优异的透光性。

（2）磨砂玻璃（frosted glass）。表面呈现磨砂效果，不透明，具有良好的遮挡性和美观性。

（3）彩色玻璃（stained glass）。呈现多种颜色，具有良好的装饰性和美观性，但透光性较差。

使用以下 Prompt 生成如图 4-40 所示的一组普通玻璃咖啡杯图片。

Prompt: cylindrical coffee cup, made of glass, 300ml, front view, deep focus composition, studio white background（圆柱形普通玻璃咖啡杯，300 毫升，前视图，深度聚焦构图，摄影棚白色背景）

图 4-40

在看完 Midjourney 生成的普通玻璃咖啡杯图片后，我们加入一点儿艺术效果，绘制一幅把神话中的凤凰与彩色玻璃相结合的艺术作品。

Prompt: phoenix, wonderland, stained glass, glow, soft bright luminescence, pastel color, fine luster, high resolution（凤凰，奇幻世界，彩色玻璃，发光效果，画面柔和明亮，柔和的色调，光泽度好，高分辨率）

Midjourney 生成的图片如图 4-41 所示。

图 4-41

3. 木头

（1）松木（pine）。淡黄色，具有自然风格和温暖感，常用于制作室内家具和手工艺品。

（2）橡木（oak）。常见的橡木分为红橡木和白橡木，它们都具有明显的木质纹理、坚硬及耐用等特点，常用于制作家具和地板等。

（3）胡桃木（walnut）。深棕色，具有纹理明显、坚硬及密度大等特点，常用于制作家具、乐器等。

下面使用 Midjourney 分别以松木、橡木及胡桃木为材料生成一组木质咖啡杯的图片。

Prompt: cylindrical coffee cup, made of pine, 300ml, front view, deep focus composition, studio white background（圆柱形松木咖啡杯，300 毫升，前视图，深度聚焦构图，摄影棚白色背景）

Midjourney 生成的松木咖啡杯图片如图 4-42 所示。

Prompt: cylindrical coffee cup, made of oak, 300ml, front view, deep focus composition, studio white background（圆柱形橡木咖啡杯，300 毫升，前视图，深度聚焦构图，摄影棚白色背景）

Midjourney 生成的橡木咖啡杯图片如图 4-43 所示。

图 4-42

图 4-43

Prompt: cylindrical coffee cup, made of walnut, 300ml, front view, deep focus composition, studio white background（圆柱形胡桃木咖啡杯，300 毫升，前视图，深度聚焦构图，摄影棚白色背景）

Midjourney 生成的胡桃木咖啡杯图片如图 4-44 所示。

图 4-44

4．塑料

（1）聚乙烯（PE）。白色，半透明，表面光滑，具有良好的可塑性。

（2）聚氯乙烯（PVC）。白色或灰色，表面光滑，具有很好的韧性。

（3）聚丙烯（PP）。白色，半透明，表面光滑，具有优异的可塑性。

（4）常见的合成树脂（ABS）。具有多种颜色和外观，如透明、半透明、白色等，表面光滑，具有优异的可塑性。

Prompt: cylindrical coffee cup, PE material, 300ml, front view, deep focus composition, studio white background（圆柱形聚乙烯材质的咖啡杯，300 毫升，前视图，深度聚焦构图，摄影棚白色背景）

Midjourney 生成的聚乙烯材质的咖啡杯图片如图 4-45 所示。

图 4-45

Prompt: cylindrical coffee cup, PP material, 300ml, front view, deep focus composition, studio white background（圆柱形聚丙烯材质的咖啡杯，300 毫升，前视图，深度聚焦构图，摄影棚白色背景）

Midjourney 生成的聚丙烯材质的咖啡杯图片如图 4-46 所示。

图 4-46

塑料的外观差异性主要体现在透明度、光泽度、可塑性等方面，而触感都比较光滑，可以通过工艺达到接近的效果。我们在输入描述塑料材质的 Prompt 时，结合特性描述效果会更好，例如透明的（transparent）、半透明的（translucent）或者磨砂（matte）等。

5. 陶瓷

（1）瓷（porcelain）。白色或其他颜色，表面光滑，易碎，可塑性较差。

（2）陶（pottery）。具有多种颜色和外观，表面光滑或粗糙，具有一定的韧性和可塑性。

（3）玻璃陶瓷（glass-ceramic）。透明或半透明，表面光滑，可塑性较差。

Prompt: cylindrical coffee cup, made of porcelain, 300ml, front view, deep focus composition, studio white background（圆柱形瓷咖啡杯，300 毫升，前视图，深度聚焦构图，摄影棚白色背景）

Midjourney 生成的瓷咖啡杯图片如图 4-47 所示。

图 4-47

Prompt: cylindrical coffee cup, made of pottery, 300ml, front view, deep focus composition, studio white background（圆柱形陶咖啡杯，300 毫升，前视图，深度聚焦构图，摄影棚白色背景）

Midjourney 生成的陶咖啡杯图片如图 4-48 所示。

图 4-48

看完对陶瓷的介绍，我们让 Midjourney 生成一组如图 4-49 所示的陶质感的东方龙雕塑。

Prompt: oriental dragon, pottery form and texture, extreme close up, exaggerated perspective, by gopro, shallow depth of field, natural light, bright color background, high resolution（东方龙，陶形态和质感，极度特写，夸张的透视，GoPro[①]拍摄效果，浅景深，

① GoPro 是一款运动摄相机。

自然光，明亮的彩色背景，高分辨率）

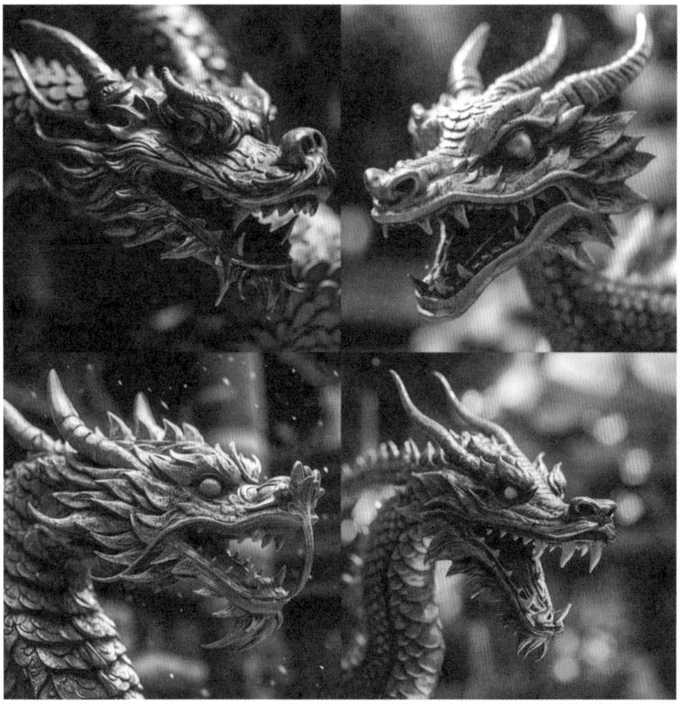

图 4-49

6. 布料

（1）棉（cotton）。白色或其他颜色，具有柔软的手感和良好的透气性。

（2）涤纶（polyester）。有多种颜色，表面光滑，不容易褪色。

（3）丝绸（silk）。具有光滑的手感和良好的光泽，呈现多种颜色。

（4）毛料（wool）。有多种颜色和外观，表面带有茸毛，质感厚实。

下面用案例展示一下不同布料的区别。

Prompt: young female,170cm tall, wearing a white cotton short-T, slim-fit jeans, close up, busts, symmetrical composition, front light, 8K（年轻女性，170 厘米，白色棉质短袖 T 恤，修身牛仔裤，特写，半身像，对称构图，正面光，8K 分辨率）

Midjourney 生成的年轻女性穿白色棉质短袖 T 恤的图片如图 4-50 所示。

Prompt: young female,170cm tall, wearing a white polyester short-T, slim-fit jeans, close up, busts, symmetrical composition, front light, 8K（年轻女性，170 厘米，白色涤纶短袖 T 恤，修身牛仔裤，特写，半身像，对称构图，正面光，8K 分辨率）

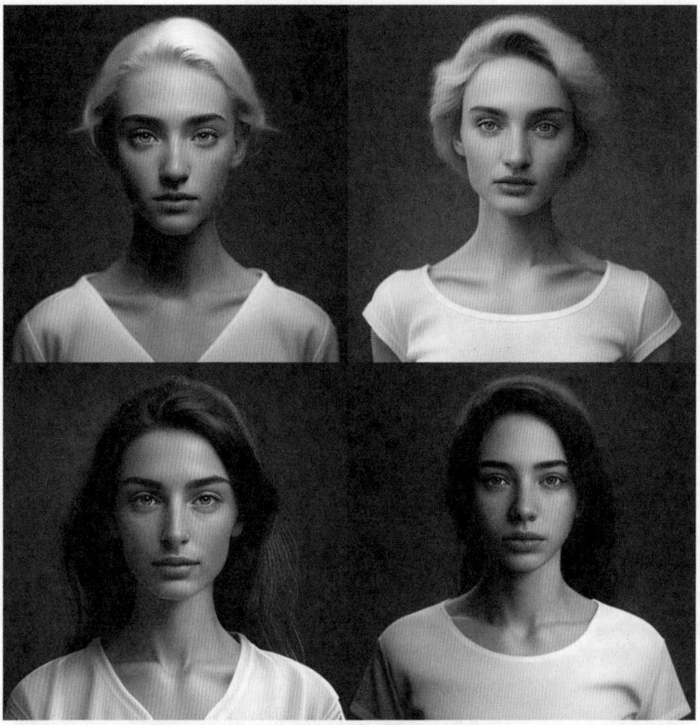

图 4-50

Midjourney 生成的年轻女性穿白色涤纶短袖 T 恤的图片如图 4-51 所示。

图 4-51

介绍完布料，我们扩展可用的场景，结合丝绸与棉两种材质，使用 Midjourney 生成一组上身的效果图。

Prompt: female model, elegant makeup, white hair, black and gray cloth, cotton and silk cloth, featuring loose, irregular cutting and symmetrical designs that emphasize the beauty of lines and shapes while focusing on comfort and practicality, simple, natural, plain, and introverted style, full body views, fashion show, realistic photography, spotlights, HD, 8K -- ar 2:3（女模特，优雅的妆容，白色头发，黑灰色服饰，棉与丝绸服装，宽松，不规则的剪裁和对称的设计，强调线条和形状的美感，同时注重舒适性和实用性，追求简约、自然、朴素和内敛的风格，画面呈现模特的全身，时装秀作品，摄影效果非常真实，使用聚光灯，高清晰度，8K 分辨率，宽高比为 2：3）

Midjourney 生成的效果图如图 4-52 所示。

图 4-52

7. 纸

（1）纸张（paper）。白色或其他颜色，表面平滑。

（2）纸板（cardboard）。表面较硬，具有良好的可塑性，颜色多为灰色。

（3）手工纸（handmade paper）。具有多种颜色和纹理，表面光滑或粗糙，具有良好的可塑性和装饰性。

纸质艺术（paper craft）是一种以纸张为主要材料的艺术形式，通常包括剪纸、折纸、卷轴、雕刻、拼贴、造型等。它可以用来表现各种主题，如动物、自然、人物、建筑等，可以呈现出极具创意和艺术价值的作品。

下面通过纸质艺术生成一张具有现代简约风格的壁纸图片。

Prompt: purple-white gradient color background, paper craft, gradient curves, minimalist style, abstract, bright, by Tony Cragg, by Georgia O'keeffe, high resolution. --ar 16:9（紫白渐变色背景，纸质艺术，渐变曲线，呈现出极简主义风格，抽象，明亮，由 Tony Cragg 和 Georgia O'Keeffe 制作，高分辨率，宽高比为 16∶9）

Midjourney 生成的壁纸图片如图 4-53 所示。

图 4-53

在初步尝试后，我们再让 Midjourney 生成一组表现元素更加丰富的作品，遐想一名小男孩骑着扫帚在天空中飞行。

Prompt: boy on broomstick in sky, layered paper craft, clean background, high resolution

（骑着扫帚的男孩在天空中飞行，分层纸质艺术，背景干净，高分辨率）

Midjourney 生成的图片如图 4-54 所示。

图 4-54

8. 泥塑

（1）黏土（clay）。有多种颜色，具有柔软的质感。

（2）石膏（gypsum）。白色，表面光滑，具有较好的可塑性。

我们把前面的小男孩骑着扫帚在天空中飞行案例中的材料从纸更换为黏土。

Prompt: boy on broomstick in sky, the entire piece is presented in colored clay, extreme close up, POV，depth of field, super details, pastel color, mockup, fine luster, clean background, high resolution（男孩骑着扫帚在天空中飞行，用彩色黏土呈现作品，极度特写，POV，景深、超级细节、柔和的色调，模型，光泽度好，背景干净，高分辨率）

Midjourney 生成的图片如图 4-55 所示。

图 4-55

4.5.2 质感词汇

1. 与金属相关的

sparkling（闪闪发光的）、smooth（光滑的）、textured（有质感的）、brushed（拉丝的）。

2. 与玻璃相关的

transparent（透明的）、radiant（亮丽的）、lustrous（有光泽的）、noble（高贵的）。

3. 与木头相关的

natural grain（自然纹理）、warm（温暖的）、natural luster（自然光泽）、beautiful（美丽的）、clear and elegant（清雅的）、unique（独特的）、strong（坚固的）、refined（高雅的）。

4. 与塑料相关的

textured（有质感的）、smooth（光滑的）、glossy（有光泽的）、resilient（有弹性的）。

5. 与陶瓷相关的

lustrous（有光泽的）、clear texture（清晰的纹理）、beautiful（美丽的）、textured（有质感的）、rich texture（丰富的纹理）、unique texture（独特的纹理）。

6. 与布料相关的

soft（柔软的）、breathable（透气）、textured（有质感的）、lustrous（有光泽的）、elegant（高雅的）、comfortable to touch（手感舒适）、dense texture（密集的纹理）。

7. 与纸相关的

light（轻的）、smooth（光滑的）、textured（具有纹理的）、soft（柔软的）、drapey（具有垂感的）、dense texture（密集的纹理）。

8. 与泥塑相关的

textured（有质感的）、unique shape（独特的造型）、weighty（有重量感的）、dense texture（密集的纹理）、layered（有层次感的）、organic（有自然感的）、lifelike（有生命力的）。

9. 其他

matte（哑光的）、polished（抛光的）、rough（粗糙的）、silk（有丝绸质感的）、leather（有皮革质感的）、furry（有毛茸茸质感的）、wood-grain（有木头纹理质感的）、stone-like（有石头质感的）、ripple（有水波纹质感的）、icy（有冰冷质感的）。

第 5 章

用 Midjourney 打造艺术应用的无限可能

M I D J O U R N E Y

5.1 平面设计

5.1.1 品牌 Logo

品牌 Logo 大致可以分为 3 类：字母 Logo、吉祥物 Logo 和图形 Logo。本节介绍使用 Midjourney 制作这三类 Logo 的方法。

1. 字母 Logo

很多耳熟能详的大公司都使用字母 Logo，比如 IBM、好市多（Costco）、可口可乐（Coca-Cola）等。目前，Midjourney 在生成由多个字母组合的单词 Logo 方面不够成熟，因此在这里主要以单个字母 Logo 作为生成样例。

Prompt: letter A logo, lettermark, typography slab, vector simple（字母 A Logo，字母标记，等宽字体，矢量简单）

Midjourney 生成的等宽字体的 Logo 如图 5-1 所示。

以上是字母 A 用等宽字体排版的 Logo，我们可以尝试用字母 Z 来做一个衬线字体（typography serif）的 Logo。

Prompt: letter Z logo, lettermark, typography serif, vector simple

Midjourney 生成的衬线字体的 Logo 如图 5-2 所示。

图 5-1

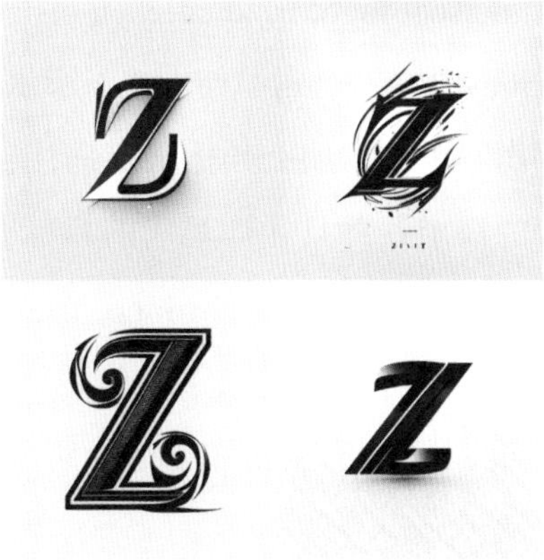

图 5-2

如果想要一个更简单的字母 Logo，那么可以使用“--no”这个参数去掉阴影细节。

Prompt: letter Z logo, lettermark, typography serif, vector simple --no shading detail realistic color（字母 Z Logo，字母标记，衬线字体，矢量简单，没有阴影细节的真正颜色）

Midjourney 生成的 Logo 如图 5-3 所示。

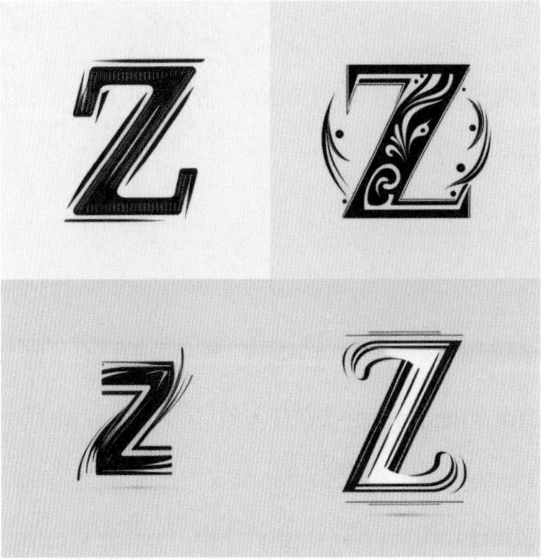

图 5-3

2. 吉祥物 Logo

这类 Logo 通常以卡通人物的形象出现，比较经典的代表是肯德基和米其林这两个品牌的 Logo。我们可以直接输入相关的行业品牌特性，让 Midjourney 自由发挥，生成对应的吉祥物 Logo。

Prompt: mascot logo, fried chicken restaurant（吉祥物 Logo，炸鸡店）

Midjourney 生成的 Logo 如图 5-4 所示。

同时，我们也可以加上其他限定词让吉祥物的风格［比如极简的（minimalistic）风格］更符合我们的需求，并且让炸鸡店的目标客户是孩子。

Prompt: minimalistic mascot logo, fried chicken restaurant targets on kids（极简的吉祥物 Logo，炸鸡店的目标客户是孩子）

Midjourney 生成的 Logo 如图 5-5 所示。

图 5-4

图 5-5

3. 图形 Logo

比较经典的图形 Logo 有苹果、香奈儿和奥林匹克运动会的 Logo 等。在设计这类 Logo 时，我们经常会用到扁平（flat）这一风格，比如设计一个科幻风格的心形扁平的矢量图形 Logo。

Prompt: flat vector graphic logo of heart, sci-fi style（心形扁平的矢量图形 Logo，科幻风格）

Midjourney 生成的心形扁平的矢量图形 Logo 如图 5-6 所示。

图 5-6

可以看到，Midjourney 默认的生成风格都是偏向于复杂拟物化的。如果我们想要简单的几何图形 Logo，那么可以在 Prompt 中加入“minimalistic”（极简的）、“geometric”（几何图形的）等描述词。

Prompt: flat geometric vector graphic logo of diamond shape, minimalistic（钻石形扁平的几何矢量图形 Logo，极简的）

Midjourney 生成的 Logo 如图 5-7 所示。

图 5-7

小结

本节主要介绍了生成不同类型的Logo使用的Prompt。除了文中提到的这些Prompt，还可以使用以下常见的Prompt生成Logo: line art（线条艺术）、gradient color（渐变色）、organic shape（有机形状）、emblem（徽章）、vintage retro（复古）、modern and classy（现代与高雅的）、Boho（波西米亚）、neon（霓虹）、translucent and glossy（半透明带有光泽）等。此外，还可以用设计师的名字作为Prompt来快速生成对应风格的Logo，比如Pablo Picasso（巴勃罗·毕加索）的立体主义和Paul Rand（保罗·兰德）的极简主义。

5.1.2　宣传海报

Midjourney 非常适合用来生成不同场景的海报。比如，针对六一儿童节，我们想设计一张以众多儿童围绕地球为主题的海报，在风格上要采用儿童喜爱的卡通画，并且整体色调要轻松、欢快。

Prompt: kids around the earth greeting card world children's day, in the style of cheerful colors, light maroon and dark aquamarine, pictorial, elaborate, cartoonish --ar 3:4（世界各地儿童的儿童节贺卡，以喜庆的色彩为主，浅栗色和深蓝宝石色，图案丰富，精心制作，卡通化，宽高比为 3：4）

Midjourney 生成的海报如图 5-8 所示。

图 5-8

我们也可以让 Midjourney 根据主题和特定的风格来创作海报，比如创作一个蒸汽朋克风格的炸鸡店宣传海报。

Prompt: a poster of a fried chicken restaurant, Steampunk style --ar 3:4（一张炸鸡店的海报，蒸汽朋克风格，宽高比为 3∶4）

Midjourney 生成的海报如图 5-9 所示。

我们可以通过详细地描述某个具体的商品来生成对应的宣传海报，可以使用的突出表现商品的 Prompt 有“Nikon D3”（尼康 D3 相机）、“fisheye lens”（鱼眼镜头）和“wide-angle lens”（广角镜头）等。

图 5-9

Prompt: a poster, colorful digital illustration of an ice cream cone, with three scoops of different flavors, surrounded by sprinkles and candy toppings, against a bright blue background, playful and fun vibe, Nikon D3, fisheye lens --ar 4:3（一张海报，一个冰激凌蛋筒的彩色数字插画，有三种不同口味的冰激凌球，周围是糖屑和糖果配料，明亮的蓝色背景，好玩和有趣的氛围，尼康 D3 相机，鱼眼镜头，宽高比为 4：3）

Midjourney 生成的一张冰激凌宣传海报如图 5-10 所示。

最后，再来试一试生成最常见的电影海报。我们可以用“movie poster for × × ×”（ × × ×是具体的场景描述）这样的 Prompt 来让 Midjourney 生成电影海报。

Prompt: movie poster for the panda on the moon（熊猫在月球上的电影海报）

图 5-10

Midjourney 生成的电影海报如图 5-11 所示。

图 5-11

小结

本节主要介绍了常见的用来生成宣传海报的 Prompt，除此之外还可以使用以下常见的 Prompt: flat illustration（扁平插画）、minimalism（极简主义）、blue background（蓝色背景）、focalpoint（焦点）、warmlight（暖光）、commercial photography（商业摄影）、stage effects（舞台效果）和 glass mirror（玻璃镜面）等。

5.1.3　插画

本节主要介绍用 Midjourney 生成各种风格的插画，比较常见的风格有剪纸（paper cutout）风格、浮世绘艺术（Ukiyo-e Art）风格、光学艺术（Op Art）风格、水彩（watercolor）风格和像素艺术（Pixel Art）风格。下面结合具体的例子来详细地介绍每种风格的特点。

我们使用 Midjourney 生成一张剪纸风格的花园插画，主要表现花长得很茂盛，要色彩鲜艳，细节复杂，并且采用自然光，要具有景深的效果。

Prompt: paper cutout of a lush garden with blooming flowers, vibrant colors, intricate details, natural light, depth of field effect, Nikon D3, macro lens --ar 4:3（剪纸风格，一个盛开了鲜花的花园，鲜艳的色彩，复杂的细节，自然光，景深效果，尼康 D3 相机，微距镜头，宽高比为 4：3）

Midjourney 生成的剪纸风格的插画如图 5-12 所示。

图 5-12

浮世绘是日本风俗画的一种艺术形式，主要用于彩色印刷的木版画。下面尝试用浮世绘风格来生成一张游乐园的插画，要素包括熙熙攘攘的人群、能够展示出游乐园的标志及樱花树。

Prompt: Ukiyo-e Art style illustration of a bustling amusement park, vibrant colors, intricate details of rides and attractions, crowds of people, cherry blossom trees in the background, fisheye lens --ar 16:9（浮世绘艺术风格的插画，一个熙熙攘攘的游乐园，鲜艳的色彩，游乐设施和景点的复杂细节，人群，背景中的樱花树，鱼眼镜头，宽高比为 16∶9）

Midjourney 生成的浮世绘艺术风格的插画如图 5-13 所示。

图 5-13

光学艺术风格源于 20 世纪 60 年代的法国，是当时科学技术革命推动下出现的一种风格流派，主要以抽象的形式呈现，并且整个画风有极强的视觉对比和错觉技巧。很多艺术类的作品都会使用这类风格的插画。

Prompt: abstract OP Art illustration, vibrant colors, geometric shapes, optical illusion, bold lines, black background, fisheye lens --ar 1:1（抽象的光学艺术插画，鲜艳的色彩，几何形状，视错觉，粗线条，黑色背景，鱼眼镜头，宽高比为 1∶1）

Midjourney 生成的光学艺术风格的插画如图 5-14 所示，这是比较典型的几何形状的光学艺术风格插画。

图 5-14

水彩风格大家应该比较熟悉了。我们小时候上美术课一开始学的就是水彩画。下面生成一张水彩风格的竹林插画。

Prompt: watercolor painting, serene bamboo forest, delicate brush strokes, natural light, soft colors, peaceful atmosphere --ar 3:2（水彩画，宁静的竹林，细腻的笔触，自然光，柔和的色彩，宁静的氛围，宽高比为 3∶2）

Midjourney 生成的水彩风格的插画如图 5-15 所示。

像素艺术风格最早源于像素游戏，因为当时屏幕的分辨率不高，所以很多经典游戏画面的像素块都十分明显，这就形成了一个时代的艺术风格特征。在艺术插画领域，现在仍然有很多人喜欢这种风格的插画，因为它显得别具一格。

Prompt: Pixel Art style illustration of a city skyline at sunset, warm orange and yellow colors, detailed buildings, birds flying in the sky, fisheye lens --ar 4:3（像素艺术风格的日落时的城市天际线插画，温暖的橙色和黄色，精致的建筑，鸟在天空中飞行，鱼眼镜头，宽高比为 4∶3）

图 5-15

Midjourney 生成的像素艺术风格的插画如图 5-16 所示。

图 5-16

小结

本节主要介绍了生成几种常见的风格的插画所使用的 Prompt。除此之外，你还可以使用以下 Prompt 生成相应的风格的插画：Tech illustration（科技插画）、black and white style（黑白风格）、Disney Pixar style（迪士尼皮克斯风格）、Coca-Cola color scheme（可口可乐色调）、detailed details（极致细节）、Concept Art（概念艺术）、Rococo style（洛可可风格）、Romanticism（浪漫主义）、Surrealism（超现实主义）。另外，使用一些插画艺术家的名字作为 Prompt，也可以快速生成该艺术家风格的插画，比如 Brian Bolland（布莱恩·博兰，精致写实风格）、Bruce Pennington（布鲁斯·彭宁顿，暗淡沉重风格）和 Carlos Cruz-Diez（卡洛斯·克鲁兹-迪斯，高饱和度和强对比度风格）。

5.1.4 商品包装图

Midjourney 十分擅长生成创意内容，因此我们可以将 AI 创意运用到商品包装设计上。首先，我们尝试直接输入商品类型，然后让 Midjourney 自由发挥，生成相应的包装图。

Prompt: design a water bottle package（设计一个水瓶包装）

Midjourney 生成的包装图如图 5-17 所示。

图 5-17

接下来，我们可以在这个 Prompt 的基础上，加入包装对应的插画风格及元素，比如像素艺术风格的人物。

Prompt: Pixel Art style packaging for a water bottle, featuring a cute and quirky pixel character, vibrant colors, 8-bit graphics, retro video game feel（像素艺术风格的水瓶包装，具有可爱和古怪的像素字符，鲜艳的色彩，8 位图形，复古的视频游戏的感觉）

Midjourney 生成的包装图如图 5-18 所示。

图 5-18

另外，我们也可以设计针对特定人群的包装，比如设计采用浮世绘风格，并且针对儿童这一目标人群的薯片包装。

Prompt: Ukiyo-e Art style packaging of potato chips, target kids（浮世绘艺术风格的薯片包装，目标受众为儿童）

Midjourney 生成的包装图如图 5-19 所示。

图 5-19

小结

本节主要介绍了用 Midjourney 生成几种常见的样式和风格的包装图。除此之外，还可以使用以下 Prompt 生成包装图：PET bottle（塑料瓶）、glass bottle（玻璃瓶）、paper packaging（纸质包装）、fine luster（光泽度好）、shallow depth of field（浅景深）、blur background（模糊的背景）、organic（有机）、healthy food（健康食品）、edge light（边缘光）、ultra wide-angle（超广角）、design sense（设计感）、high-end sense（高级感）等。

5.1.5　表情包

表情包已经融入了很多人的日常交流中，那么如何用 Midjourney 定制一套具有创意的表情包呢？我们需要确定表情包的核心主体，比如很多表情包以可爱的猫咪或者小狗作为核心主体，并在此基础上迭代不同的细节（比如服装和动作等）。因此，我们使用“different outfits”（不同的套装）和“different poses”（不同的姿势）这两个描述性 Prompt 来生成一套表情包。

Prompt: a set of vector illustrations of a panda, wearing different cute outfits such as a sailor suit, a princess dress, and a superhero costume, in different poses such as waving, blowing a kiss, and giving a thumbs up, bright colors, flat design（一组熊猫的矢量插画，穿着不同的可爱服装，如水手服、公主服和超级英雄服装，摆出不同的姿势，如挥手、飞吻和竖起大拇指，亮色，扁平设计）

Midjourney 生成的表情包如图 5-20 所示。

图 5-20

除了自己选择表情包主体，我们也可以找到自己喜欢的表情包，然后用之前介绍过的“/describe”命令来生成对应的 Prompt，并对选择的 Prompt 进行微调，从而生成新的表情包。

如图 5-21 所示，我们选择第一组 Prompt，并加入“in different poses such as waving, blowing a kiss, and giving a thumbs up”这句对不同姿势的描述，最终生成的表情包如图 5-22 所示。

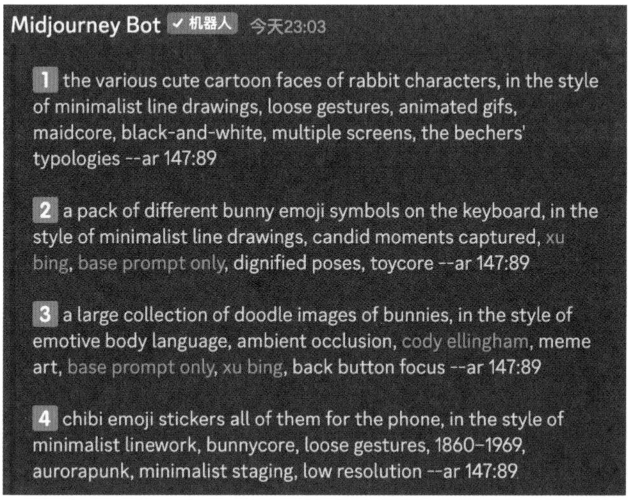

图 5-21

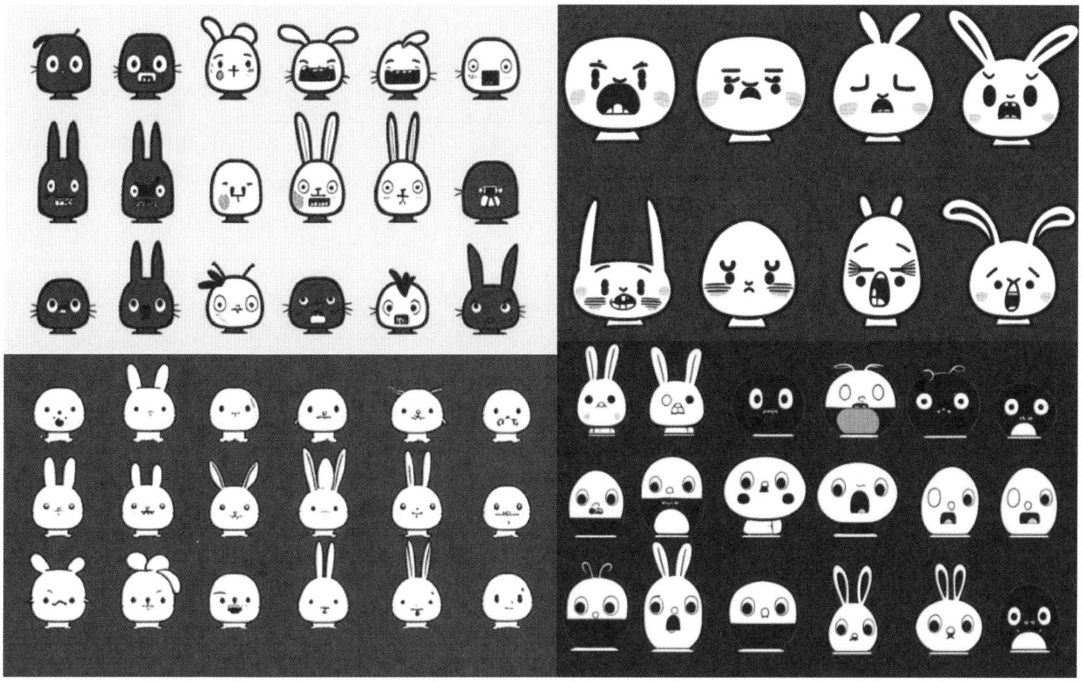

图 5-22

小结

本节主要介绍了表情包的制作流程和一些常见的用于生成表情包的 Prompt。我们还可以用以下 Prompt 生成表情包：cute style（可爱风格）、dynamic pose（动态姿势）、related personality（相似的性格）、emotional expression（情感表达）、hard-edged lines（硬边线条）、multiple expression（多种表情）、white background（白色背景）、face shot（脸部特写）。我们也可以使用以下 Prompt 指定一些专有的风格，比如 Disney（指定迪士尼动画风格）、Looney Tunes（指定兔八哥动画风格）、Anime（指定日本动画风格）、DreamWorks（指定梦工厂动画风格）等。小提示：使用 Niji 模型生成动画类表情包的效果更好。

5.2 服装设计

5.2.1 服装设计基础及古代服装

服装设计和人物是分不开的。认真学习过第 3 章的读者，不难生成如图 5-23 所示的这个穿着古代服装的女孩的图片。

Prompt: a beautiful girl, 25-years-old, Chinese, ancient China Qing dynasty dress, smiling, studio, gradient dark background, portrait, front view, long shot, symmetric, Rembrandt lighting, ultra realistic, 4K --ar 3:4（漂亮的女孩，25 岁，中国，中国古代清朝服装，微笑，工作室，渐变黑色背景，肖像，前视图，长镜头，对称，伦勃朗光，超现实，4K 分辨率，宽高比为 3：4）

除了中国古代清朝服装限定了画面内容，其他的 Prompt 起到的作用在第 3 章中都详细介绍过，这里不再赘述。

如果我们希望生成的图片中只有服装而不出现人物，那么应该怎么做呢？在上述 Prompt 中删除描述人物的部分行不行？即只保留“ancient China Qing dynasty dress, studio, gradient dark background, front view, symmetric, Rembrandt lighting, ultra realistic, 4K”，我们可以试一试。

Prompt: ancient China Qing dynasty dress, studio, gradient dark background, front view, symmetric, Rembrandt lighting, ultra realistic, 4K

很遗憾，Midjourney 生成的图片中还是默认出现了人物，如图 5-24 所示。

图 5-23

图 5-24

为了达到让 Midjourney 生成的图片中只出现服装的目的，我们可以使用专用的 Prompt，即“garment technical drawing”（服装工艺图）。它偏向于对服装结构、面料、尺寸等细节的表现，通常只绘制服装本体。

我们在上述 Prompt 的前面加入“garment technical drawing”。

Prompt: garment technical drawing, ancient China Qing dynasty dress, studio, gradient dark background, front view, symmetric, Rembrandt lighting, ultra realistic, 4K --ar 3:4

目的达到了，Midjourney 生成的图片中只出现了服装，如图 5-25 所示。

图 5-25

对于每种服装，Midjourney 都可以一次性生成类似的多款服装设计图该多好。当然，熟悉 Midjourney 的用户都知道，我们可以不断地点击“v”按钮，生成更多类似的图片，但是每一次点击生成新图都需要付费。如果可以让 Midjourney 在一张图片中生成多张小图，那么对于设计师来说，就方便多了，而且更省钱。

我们可以在 Prompt 中加入“four views”让 Midjourney 在一张图片中生成 4 张小服装设计图，同时为了布局方便，把宽高比设置为 16∶9。

Prompt: garment technical drawing, ancient China Qing dynasty dress, studio, gradient dark background, four views, front view, symmetric, Rembrandt lighting, ultra realistic, 4K --ar 16:9

Midjourney 生成的清朝服装设计图如图 5-26 所示。

图 5-27 和图 5-28 分别是使用以下 Prompt 生成的明朝和唐朝服装设计图（为了能看清图片中每个服装的细节，就不使用“four views”了）。

Prompt: garment technical drawing, ancient China Ming dynasty dress, studio, gradient dark background, front view, symmetric, Rembrandt lighting, ultra realistic, 4K --ar 3:4

Prompt: garment technical drawing, ancient China Tang dynasty dress, studio, gradient dark background, front view, symmetric, Rembrandt lighting, ultra realistic, 4K --ar 3:4

图 5-26

图 5-27

图 5-28

笔者并非研究古代服装的专家，仅了解一些基础知识，认为 Midjourney 生成的图片中的古代服装基本准确。

在本节的最后介绍一个在实际中可能很有用的场景，即生成一套服装设计图，然后看到人将其穿上的样子。

我们可以使用 image to image（图生图）功能，即一般说的垫图技术。比如，把图 5-29 所示的我们生成的服装设计图上传到 Midjourney 中，即把图片拖入 Midjourney 的对话框中（如图 5-30 所示），并按回车键即可。

图 5-29

点击已经上传到 Midjourney 中的图片，再点击鼠标右键，在弹出的快捷菜单中选择“复制图像链接”选项（当然，也可以直接复制在 Midjourney 中生成的图片的 URL），如图 5-31 所示。

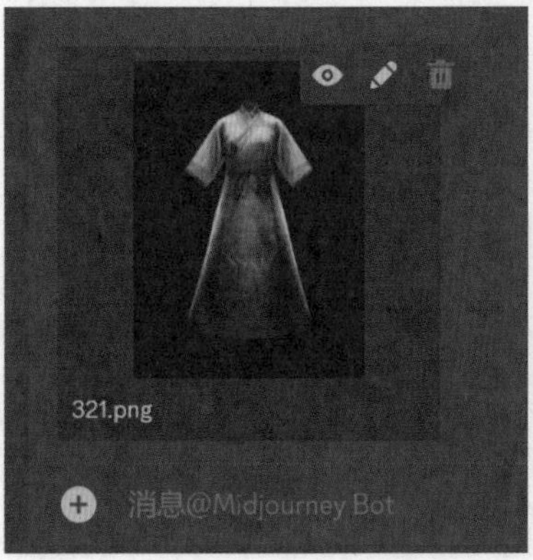

图 5-30

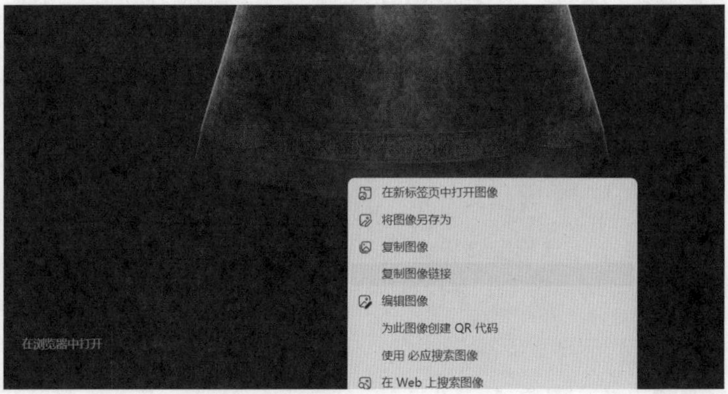

图 5-31

在 Midjourney 的对话框中粘贴 URL，然后再加上描述少女的 Prompt，如“https://s.mj.run/abcdFEGH a beautiful girl, 25-years-old, Chinese, smiling, portrait, front view, long shot, symmetric, ultra realistic, 4K --ar 3:4 --iw 2 ”。

Midjourney 生成的图片如图 5-32 所示。

图 5-32

可以看到，这个少女穿上了服装，但是她的手并没有被绘制出来。另外，光线也不完美，有点曝光过度（简称过曝）。这是因为在第一次生成服装设计图时和第二次生成穿着服装的少女的图片时都强调了 Rembrandt lighting（伦勃朗光），如果使用普通的光线，那么这种“过曝”的感觉会弱一些。

原服装设计图是黑色背景的，也会影响图片的光影效果。如果读者有使用 Photoshop 的基础，那么可以稍微处理一下黑色背景，获得一张透明底的服装设计图，这样在垫图时可以让背景的影响降到最低。

最后，在 Prompt 中我们加入了“--iw 2”，这非常关键。“iw”参数规定了 Midjourney 对原图的参考程度，2 是最大值，也就是说我们让 Midjourney 最大限度地参考原服装设计图，从结果中可以看到，生成的服装设计图基本上与原图保持了一致。

垫图其实是很大的话题，在实际使用中可以有很多可以调整的细节，这里仅给出一个思路。读者可以自行尝试，实践出真知。

小结

在 Prompt 中加入“garment technical drawing”可以生成无人的服装设计图。

在 Prompt 中加入“four views”并把宽高比设置为 16∶9，可以在一张大图中生成 4 个相仿样式的小图。

如果希望使用生成的服装设计图再生成一个有人穿的效果图，那么可以使用 Midjourney 的垫图功能，把生成的服装设计图作为垫图，在 Prompt 中简单地描述穿着的人物，得到一个合成的效果图。

5.2.2 正装

5.2.1 节使用以下 Prompt 来描述一个服装设计图。

Prompt: garment technical drawing, ×××, studio, gradient dark background, front view, symmetric, Rembrandt lighting, ultra realistic, 4K

同时，如果希望生成一位穿上特定服装的人物，比如一个女孩，那么可以使用的 Prompt 是“a beautiful girl, 25-years-old, Chinese, smile, ×××, **studio, gradient dark background, front view,** full body, long shot, portrait, **symmetric, Rembrandt lighting, ultra realistic, 4K**”

以上 Prompt 中的“×××”就是特定服装，可以包括服装的品类、颜色和纹理。加粗的部分是相同的 Prompt，如果你仔细比较可以发现，不同的部分其实就是把“garment technical drawing”换成了关于人物的描述“a beautiful girl, 25-years-old, Chinese, smile, full body, long shot, portrait”。

我们在进行服装设计时，通常会把服装设计图和人物着装图并列放在一起，这样有直观的感受。

我们先生成高领衬衫设计图，再生成女孩穿高领衬衫的图片，使用的 Prompt 是“collared shirt”[①]。

Prompt: garment technical drawing, collared shirt for woman, studio, gradient dark background, front view, symmetric, Rembrandt lighting, ultra realistic, 4K --ar 3:4

Midjourney 生成的高领衬衫设计图如图 5-33 所示。

Prompt: a beautiful girl, 25-years-old, Chinese, smile, collared shirt, studio, gradient grey

① 服装设计图使用渐变黑色背景，人物着装图使用渐变灰色背景。

background, front view, full body, long shot, portrait, symmetric, Rembrandt lighting, ultra realistic, 4K --ar 3:4

Midjourney 生成的女孩穿高领衬衫的图片如图 5-34 所示。

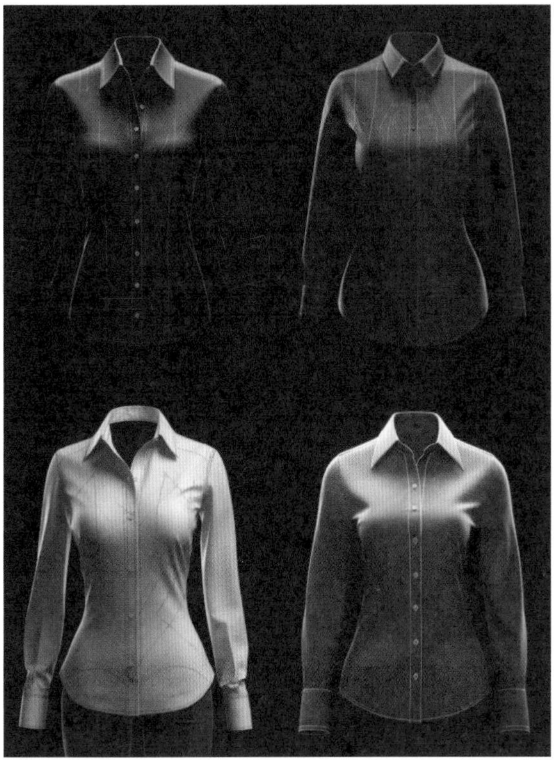

图 5-33

图 5-34

当然，如果有更进一步的设计需求，比如希望指定服装的颜色，甚至花纹，那么可以实现吗？

比如，加入限定花纹的 Prompt——“plaid”（格子纹）。

Prompt: garment technical drawing, collared shirt for woman, plaid, studio, gradient dark background, front view, symmetric, Rembrandt lighting, ultra realistic, 4K --ar 3:4

Midjourney 生成的格子纹服装设计图如图 5-35 所示。

Prompt: a beautiful girl, 25-years-old, Chinese, smile, collared shir, plaid, studio, gradient grey background, front view, full body, long shot, portrait, symmetric, Rembrandt lighting, ultra realistic, 4K --ar 3:4

Midjourney 生成的女孩穿格子纹服装的图片如图 5-36 所示。

当然，可以继续加上限定颜色的 Prompt——“pink”（粉色）。

Prompt: garment technical drawing, pink collared shirt for woman, plaid, studio, gradient dark background, front view, symmetric, Rembrandt lighting, ultra realistic, 4K --ar 3:4

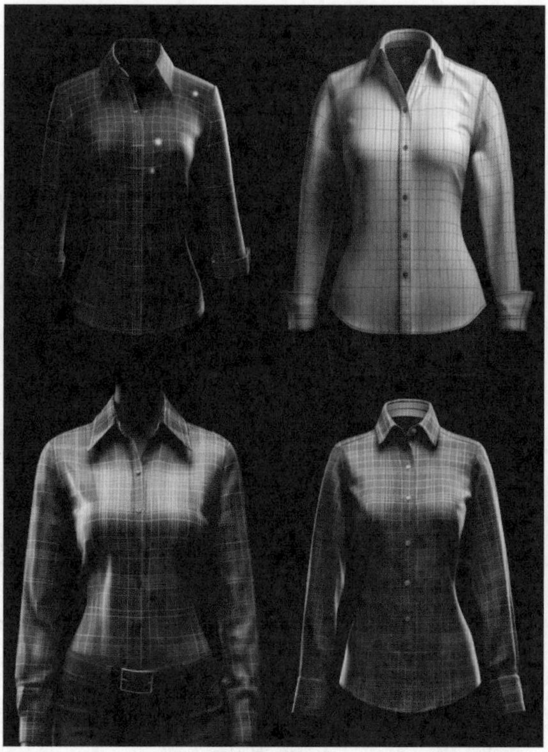

图 5-35

图 5-36

Midjourney 生成的粉色格子衫服装设计图如图 5-37 所示。

Prompt: a beautiful girl, 25-years-old, Chinese, smile, pink collared shirt, plaid, studio, gradient grey background, front view, full body, long shot, portrait, symmetric, Rembrandt lighting, ultra realistic, 4K --ar 3:4

Midjourney 生成的女孩穿粉色格子衫服装的图片如图 5-38 所示。

这就是使用 Midjourney 进行服装设计最核心的方法，即想生成哪类服装设计图可以直接描述。

下面再试一试生成其他服装设计图。我们把 Prompt 中的“pink”“collared shirt”“plaid”分别替换为“orange”（橙色）、“coat”（大衣）、“geometric patterns”（几何图案）。

Prompt: garment technical drawing, orange coat for woman, geometric patterns, studio, gradient dark background, front view, symmetric, Rembrandt lighting, ultra realistic, 4K --ar 3:4

Midjourney 生成的大衣设计图如图 5-39 所示。

Prompt: a beautiful girl, 25-years-old, Chinese, smile, orange coat, geometric patterns, studio, gradient grey background, front view, full body, long shot, portrait, symmetric, Rembrandt lighting, ultra realistic, 4K --ar 3:4

Midjourney 生成的女孩穿大衣的图片如图 5-40 所示。

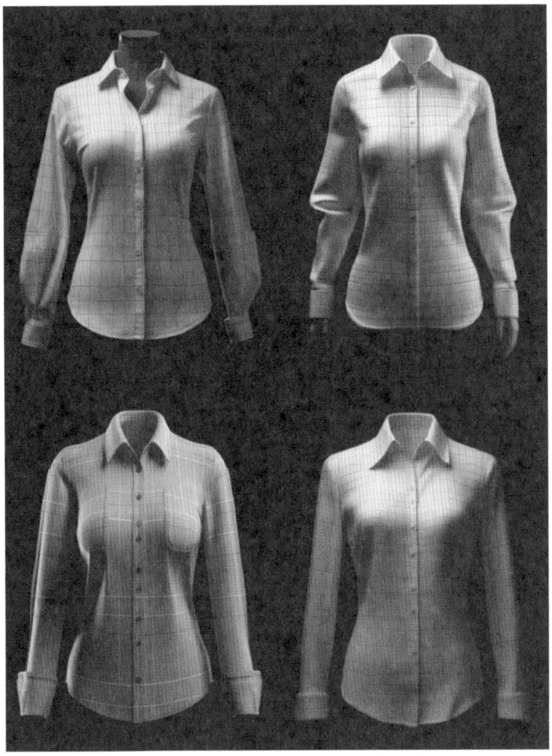

图 5-37

图 5-38

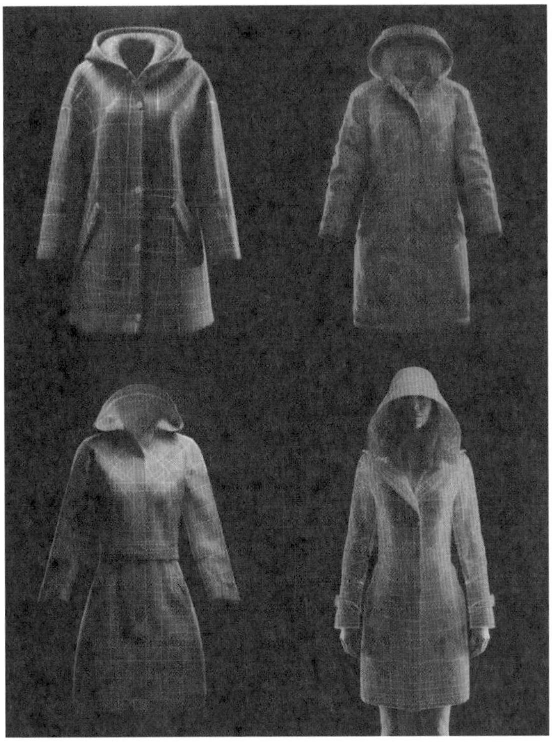

图 5-39

图 5-40

再把 Prompt 中的“orange”“coat”分别替换为“light blue”（淡蓝色）、“school uniform”（校服），删除“geometric patterns”（意为无花纹）。

Prompt: garment technical drawing, light blue school uniform for woman, studio, gradient dark background, front view, symmetric, Rembrandt lighting, ultra realistic, 4K --ar 3:4

Midjourney 生成的校服设计图如图 5-41 所示。

Prompt: a beautiful girl, 25-years-old, Chinese, smile, light blue school uniform, studio, gradient grey background, front view, full body, long shot, portrait, symmetric, Rembrandt lighting, ultra realistic, 4K --ar 3:4

Midjourney 生成的女孩穿校服的图片如图 5-42 所示。

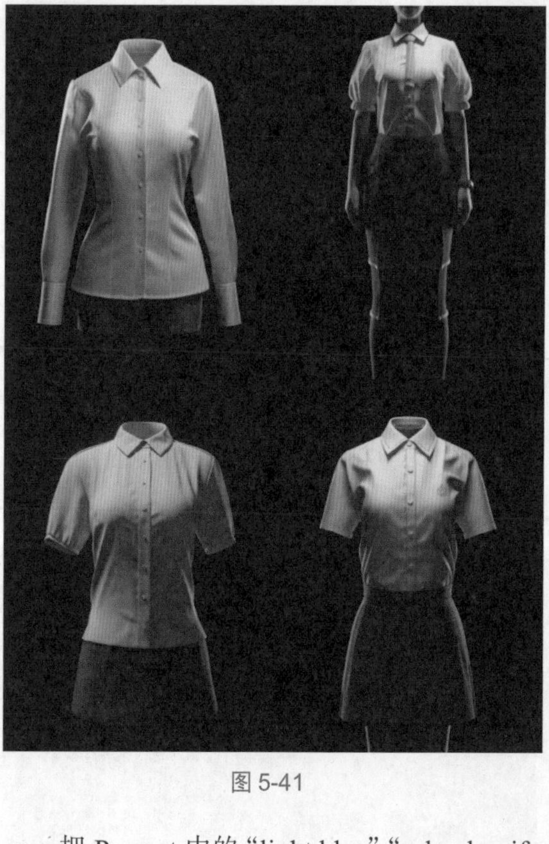

图 5-41

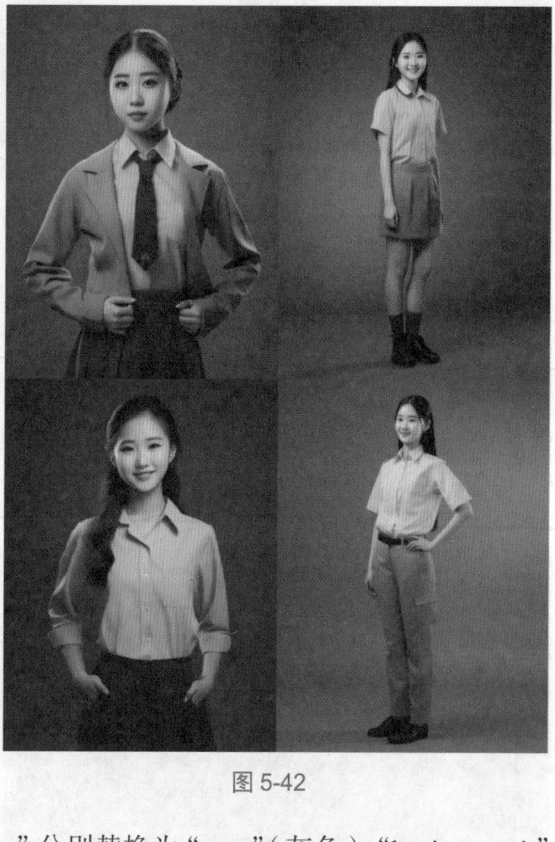

图 5-42

把 Prompt 中的“light blue”“school uniform”分别替换为“grey”（灰色）、“business suit”（商业套装），再加入“floral prints”（植物纹样）。

Prompt: garment technical drawing, grey business suit for woman, floral prints, studio, dark background, front view, symmetric, Rembrandt lighting, ultra realistic, 4K --ar 3:4

Midjourney 生成的商业套装设计图如图 5-43 所示。

Prompt: a beautiful girl, 25-years-old, Chinese, smile, floral prints, grey business suit, studio, gradient grey background, front view, full body, long shot, portrait, symmetric, Rembrandt lighting, ultra realistic, 4K --ar 3:4

Midjourney 生成的女孩穿商业套装的图片如图 5-44 所示。

图 5-43

图 5-44

图 5-45

这其实是一个有问题的案例。图 5-43 所示的服装设计图展示了浅灰色商业套装的植物纹样，显得非常高级，但图 5-44 所示的穿着图并没有实现这个高级效果，而是在浅灰色西装上印上了一些粉色的植物图样，显得非常“土”。对于如何处理这种复杂的情况，读者可以自行探索，或许可以限定更多的颜色？

我们尝试一下 5.2.1 节最后的做法，即把服装设计图作为垫图，让 Midjourney 生成穿着图。选择图 5-43 中左下角的服装设计图作为垫图（如图 5-45 所示），用以下 Prompt 描述人物，最后生成的图片如图 5-46 所示。

Prompt: https://s.mj.run/linkABCDE a beautiful girl,

25-years-old, Chinese, smile, gradient grey background, front view, full body, long shot, portrait, symmetric, Rembrandt lighting, ultra realistic, 4K --ar 3:4 --iw 2

图 5-46

非常完美！如果你仔细看，那么可以发现图 5-46 中服装纹理的风格和图 5-45 所示的原图的服装纹理的风格一致。这个例子让我兴奋，看来所有的服装都可以用这种方式给模特穿上。

小结

可以使用 Prompt 词组“garment technical drawing, ×××, studio, gradient dark background, front view, symmetric, Rembrandt lighting, ultra realistic, 4K”生成指定样式的服装设计图。

可以使用 Prompt 词组“a beautiful girl, 25-years-old, Chinese, smile, ×××, studio, gradient dark background, front view, full body, long shot, portrait, symmetric, Rembrandt lighting, ultra realistic, 4K”生成指定样式的穿着图。

×××的内容，可以包括服装的品类、颜色和纹理。

服装常见的花纹主要有格子纹（plaid）、条纹（stripes）、波点（polka dot）、星星（star）、棋盘（checkerboard）、几何图案（geometric patterns）、动物纹样（animal prints）、植物纹样（floral prints）、碎（ditsy floral）、千鸟格（paisley）。

5.2.3 运动休闲服装

本节介绍一个新的服装设计方式：让 AI 工具指路。是的，我们可以使用 ChatGPT 这样的问答式 AI 工具来得到设计方案。

下面介绍设计连衣裙。我们可以对 AI 工具提出以下问题：给出一个连衣裙的颜色和花纹设计方案。然后，我们得到了以下方案。

颜色：白蕾丝 - white lace

花纹：蕾丝花边 - lace trimming

把这个颜色和花纹输入 Prompt 中。

Prompt: garment technical drawing, white lace dress, lace trimming, studio, gradient dark background, front view, symmetric, Rembrandt lighting, ultra realistic, 4K --ar 3:4

Midjourney 生成的连衣裙设计图如图 5-47 所示。

Prompt: a beautiful girl, 25-years-old, Chinese, smile, white lace dress, lace trimming, studio, gradient grey background, front view, full body, long shot, portrait, symmetric, Rembrandt lighting, ultra realistic, 4K --ar 3:4

Midjourney 生成的女孩穿连衣裙的图片如图 5-48 所示。

图 5-47

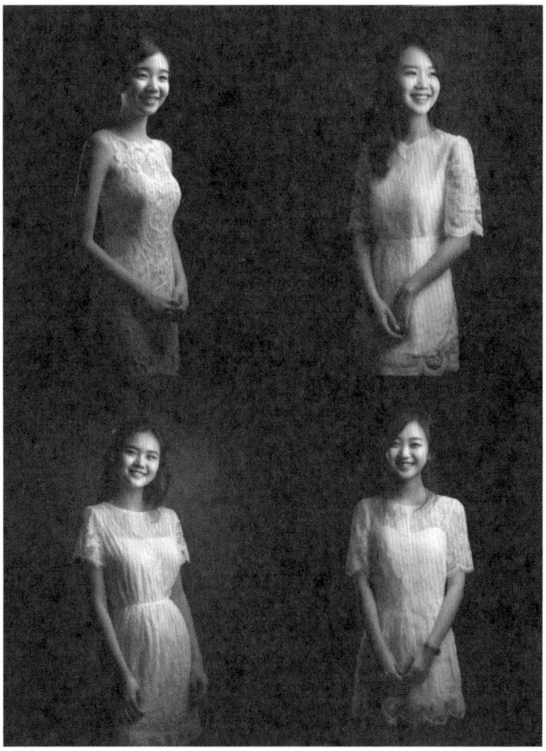

图 5-48

AI 工具说：“这是一个纯美清新方案。白色与蕾丝花边都体现出纯真浪漫的氛围，简单质朴中透着精巧细致的美感。”

最终的效果和 AI 工具的预测差不多。

我们再让 AI 工具设计一套运动服，这次让 AI 工具给出更多的细节。

问：给出一个女性运动服的设计方案，包括颜色、花纹及其他细节。

答：这里是一个女性运动服的设计方案。

跑步运动服：jogging suit

颜色：天蓝色 - sky blue

花纹：白色气泡 - white bubbles pattern

材质：运动呼吸布料 - sports breathable fabric

领口：深 V 字领 - deep V-neck

袖长：无袖 - sleeveless

我们将这些词组合得到了对运动服的描述——“sky blue jogging suit, white bubbles pattern, deep V-neck, sleeveless, sports breathable fabric”。

Prompt: garment technical drawing, sky blue jogging suit, white bubbles pattern, deep V-neck, sleeveless, sports breathable fabric, studio, gradient dark background, front view, symmetric, Rembrandt lighting, ultra realistic, 4K --ar 3:4

Midjourney 生成的运动服设计图如图 5-49 所示。

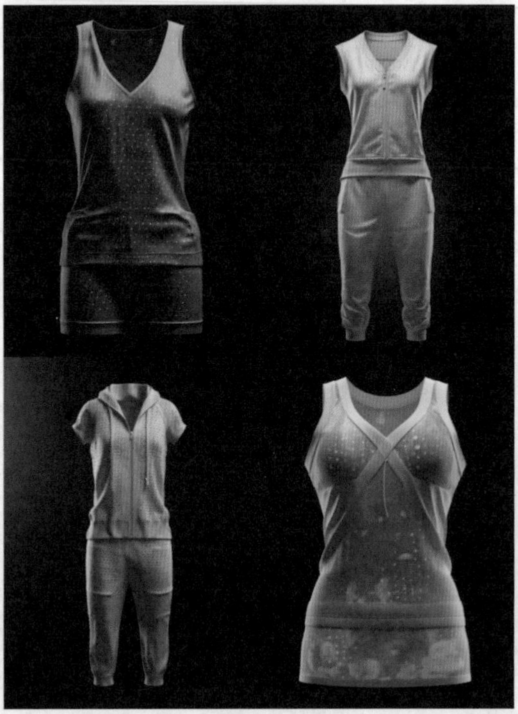

图 5-49

下面看一看 AI 工具的描述。“这是一个清新活泼的运动服设计：天蓝色与白色气泡花纹色彩明快，呼应青春活力的运动主题。深 V 字领与无袖设计体现出休闲运动的随性，同时便于活动。呼吸布料与无袖相得益彰，确保运动时的舒适感。”图片和描述还挺符合。

我们加大难度，让 AI 工具给出一套完整的休闲服装设计方案。

问：给出一套年轻女性的休闲服装的设计方案，包括款式、颜色、花纹和其他细节。

答：这里是一个年轻女性的休闲服装的设计方案。

上衣：宽松印花短袖 T 恤 - loose printed short-sleeved T-shirt

颜色：粉橙色 - coral pink

花纹：手绘风格鲜花 - hand-painted floral pattern

下装：破洞牛仔短裤 - distressed denim shorts

鞋履：平底毛絮拖鞋 - flat fluffy slippers

饰物：几何形状长耳环 - geometric long earrings

手提包：手织棉麻质感小方包 - handwoven cotton and linen texture small square bag

我们先把上面的 Prompt 按不同的物件组合在一起，就是“coral pink hand-painted floral pattern loose printed short-sleeved T-shirt, distressed denim shorts, flat fluffy slippers, geometric long earrings, handwoven cotton and linen texture small square bag”，然后再加入对人物的描述。

Prompt: a beautiful girl, 25-years-old, Chinese, smile, coral pink hand-painted floral pattern loose printed short-sleeved T-shirt, distressed denim shorts, flat fluffy slippers, geometric long earrings, handwoven cotton and linen texture small square bag, studio, gradient grey background, front view, full body, long shot, portrait, symmetric, Rembrandt lighting, ultra realistic, 4K --ar 3:4

Midjourney 生成的图片如图 5-50 所示。

如果把“coral pink hand-painted floral pattern loose printed short-sleeved T-shirt, distressed denim shorts, flat fluffy slippers, geometric long earrings, handwoven cotton and linen texture small square bag”放入前面所用的设计服装的 Prompt 模板中会有什么结果呢?

Prompt: garment technical drawing, coral pink hand-painted floral pattern loose printed short-sleeved T-shirt, distressed denim shorts, flat fluffy slippers, geometric long earrings, handwoven cotton and linen texture small square bag, studio, gradient dark background, front view, symmetric, Rembrandt lighting, ultra realistic, 4K --ar 3:4

Midjourney 生成的图片如图 5-51 所示。

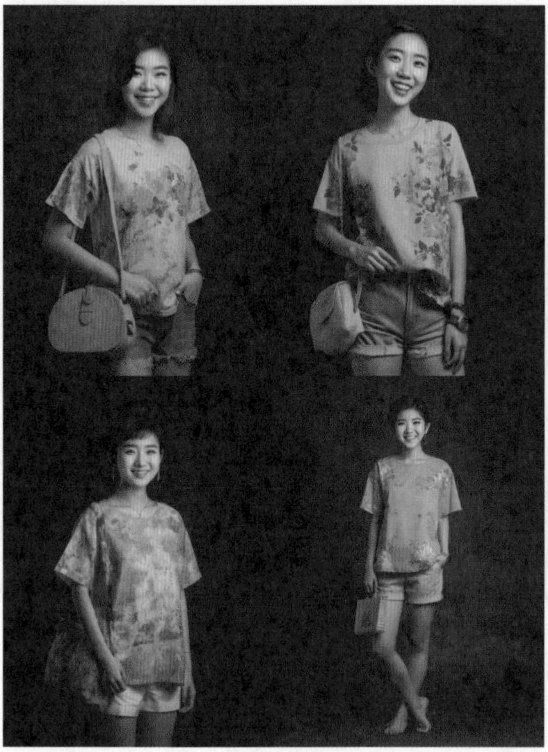

图 5-50

图 5-51

挺有意思，Midjourney 给出了一整套搭配的衣物图。这也是一个非常实用的案例。

下面再看一下 AI 工具给出的另外一套年轻女性休闲服装设计方案。

上衣：格子纹衬衫 - plaid shirt

颜色：红黑格调 - red and black

修身牛仔裤 - fitted jeans

短靴 - ankle boots

饰物：金色项链 - gold necklace

手提包：质地铆钉包 - textured rivet bag

把以上词语组合成“red and black plaid shirt, fitted jeans, ankle boots, gold necklace, textured rivet bag”加入 Prompt 中。

Prompt: a beautiful girl, 25-years-old, Chinese, smile, red and black plaid shirt, fitted jeans, ankle boots, gold necklace, textured rivet bag, studio,gradient grey background, front view, full body, long shot, portrait, symmetric, Rembrandt lighting, ultra realistic, 4K

Midjourney 生成的图片如图 5-52 所示。

你可能想到了一个问题，如果让 Niji 模型使用以上设计休闲服装的 Prompt 会生成什么样的图呢？（与上面的例子类似，我们对 AI 工具提问得到休闲服装的设计方案，然后把得到的词语组合成 Prompt）

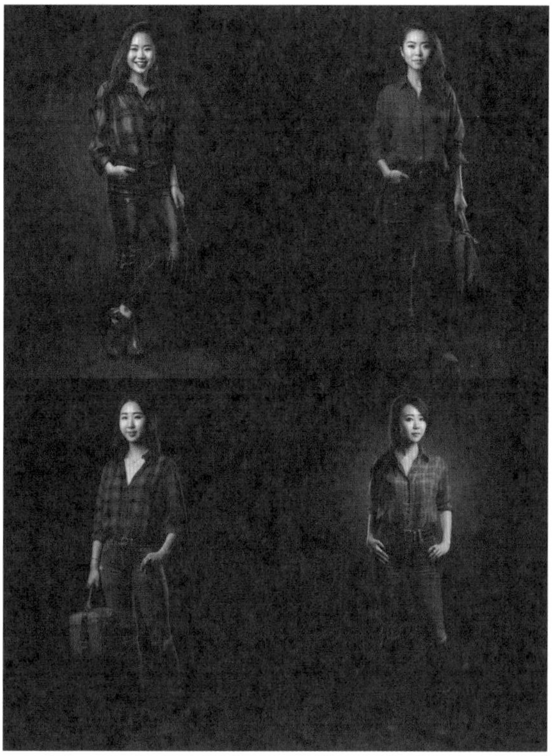

图 5-52

Prompt: a beautiful girl, 25-years-old, Chinese, smile, red and black plaid shirt, fitted jeans, ankle boots, gold necklace, textured rivet bag, studio, gradient grey background, front view, full body, long shot, portrait, symmetric --ar 3:4 --niji 5

Midjourney 生成的二次元风格的服装设计图如图 5-53 所示。

Niji 模型生成的图片也与 Prompt 的描述相符，并且是二次元风格的。这样，我们就可以使用 Midjourney 生成穿着指定二次元服装的“小姐姐”了。

要注意的是，在上述 Prompt 中去掉了原本固定使用的“Rembrandt lighting, ultra realistic, 4K”，这是因为加上这些 Prompt 之后，Niji 模型生成的图片就会失去二次元风格而倾向于真实渲染，你可以自行测试比较。

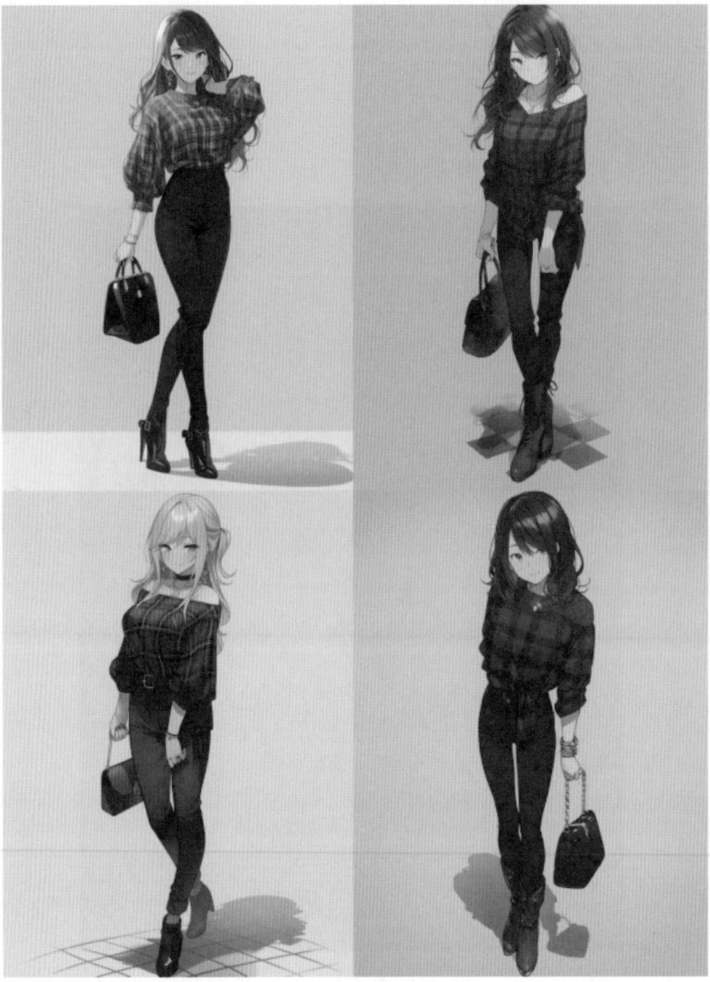

图 5-53

小结

可以让 AI 工具给出设计方案和 Prompt，然后把这些 Prompt 组合后让 Midjourney 生成相应的图片。

5.2.4 内衣、泳装和睡袍

本节介绍如何设计泳装和内衣这些贴身服装。设计思路和前面的是一致的，但有一个细微或许比较重要的区别是，因为生成的是贴身的服装设计图，所以我们无法要求 Midjourney 生成穿着这些服装的模特，这类要求很可能触犯 Midjourney 的规定而被警告甚至被封号。

下面分别生成男士（for man）和女士（for woman）的浅红色（light red）一体式泳衣

（one-piece swimsuit）设计图。

Prompt: garment technical drawing, one-piece swimsuit for man, light red, studio, gradient dark background, front view, symmetric, Rembrandt lighting, ultra realistic, 4K --ar 3:4

Midjourney 生成的男士泳衣设计图如图 5-54 所示。

Prompt: garment technical drawing, one-piece swimsuit for woman, light red, studio, gradient dark background, front view, symmetric, Rembrandt lighting, ultra realistic, 4K --ar 3:4

Midjourney 生成的女士泳衣设计图如图 5-55 所示。

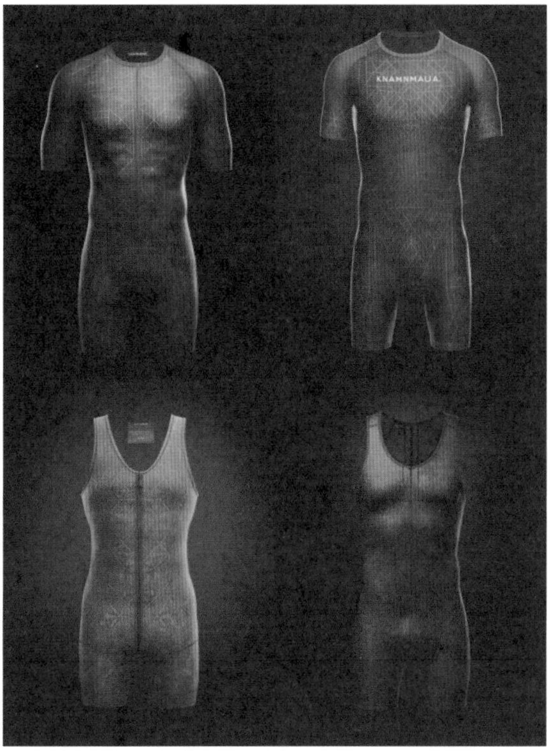

图 5-54

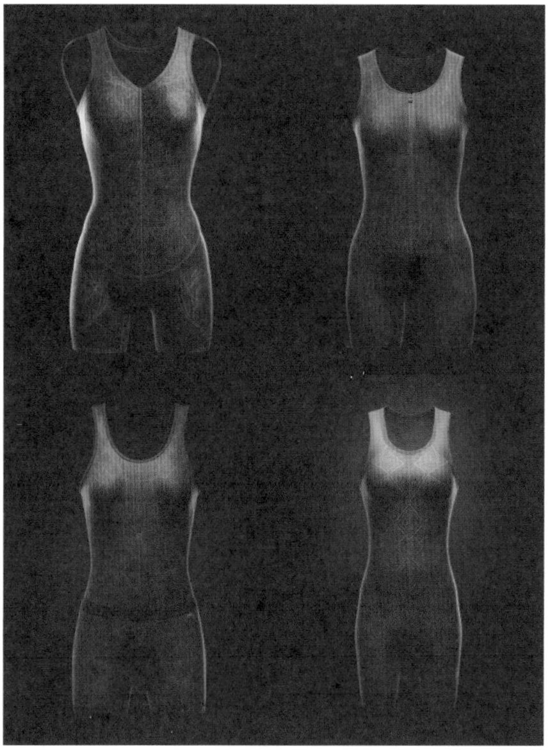

图 5-55

与一体式泳衣近似的服装是紧身衣（leotard），leotard 可以作为 Prompt 使用。如果我们希望生成内衣设计图，那么需要指出的是，大部分与内衣相关的 Prompt 在 Midjourney 中都是被禁止使用的。比如，“pantie”（内裤）、“underwear”（内衣），如图 5-46 所示。

绘制内衣设计图是一个很正常的需求，我们看一看有没有折中的方式生成。可以确定的是“bra”（胸罩）是可以使用的。有意思的是，“bra”和描述颜色的词一起使用时，生成的是传统的贴身内衣而不是现代的胸罩。比如“white bra，lace trimming”（白色胸罩，蕾丝花边）和“black bra，lace trimming”（黑色胸罩，蕾丝花边）。

Prompt: garment technical drawing, white bra, lace trimming, studio, gradient dark background, front view, symmetric, Rembrandt lighting, ultra realistic, 4K --ar 3:4

（a）

（b）

图 5-46

Midjourney 生成的白色、有蕾丝花边的胸罩设计图如图 5-57 所示。

Prompt: garment technical drawing, black bra, lace trimming, studio, gradient dark background, front view, symmetric, Rembrandt lighting, ultra realistic, 4K --ar 3:4

Midjourney 生成的黑色、有蕾丝花边的胸罩设计图如图 5-58 所示。

图 5-57

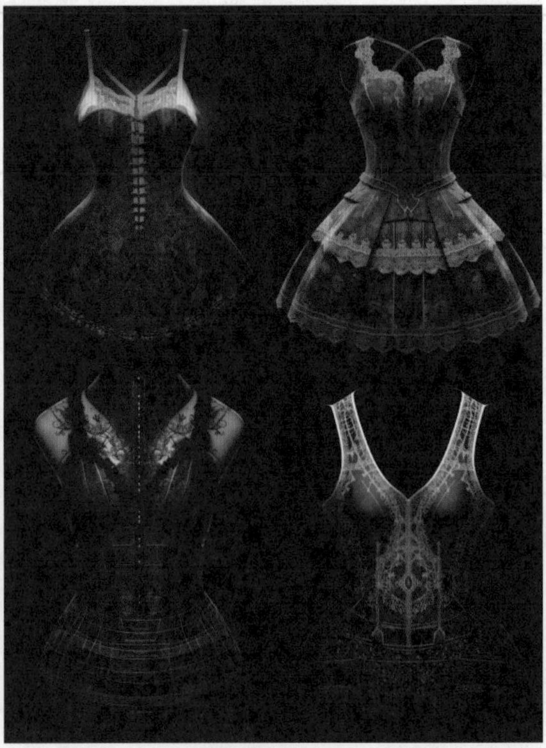

图 5-58

如果我们描述的是运动胸罩（sports bra），那么生成的图片更符合预期。

Prompt: garment technical drawing of sports bra, pink, studio, gradient dark background, front view, symmetric, Rembrandt lighting, ultra realistic, 4K --ar 3:4

Midjourney 生成的运动胸罩设计图如图 5-59 所示。

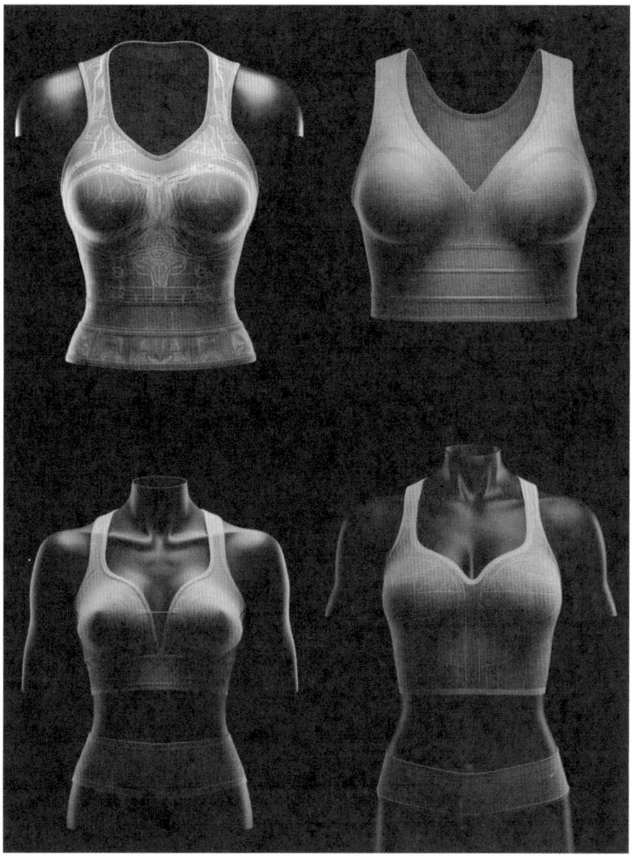

图 5-59

有些读者可能希望绘制比基尼，但是比基尼（bikini）系列单词在 Midjourney 中也是被禁用的，如图 5-60 所示。

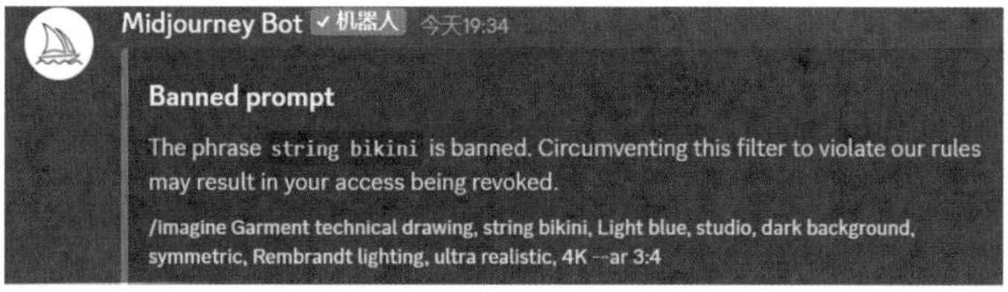

图 5-60

宽松的睡袍（nightgown）设计图是可以生成的。

Prompt: garment technical drawing, nightgown for man, studio, gradient dark background, front view, symmetric, Rembrandt lighting, ultra realistic, 4K --ar 3:4

Midjourney 生成的男士睡袍设计图如图 5-61 所示。

Prompt：garment technical drawing, nightgown for woman, studio, gradient dark background, front view, symmetric, Rembrandt lighting, ultra realistic, 4K --ar 3:4

Midjourney 生成的女士睡袍设计图如图 5-62 所示。

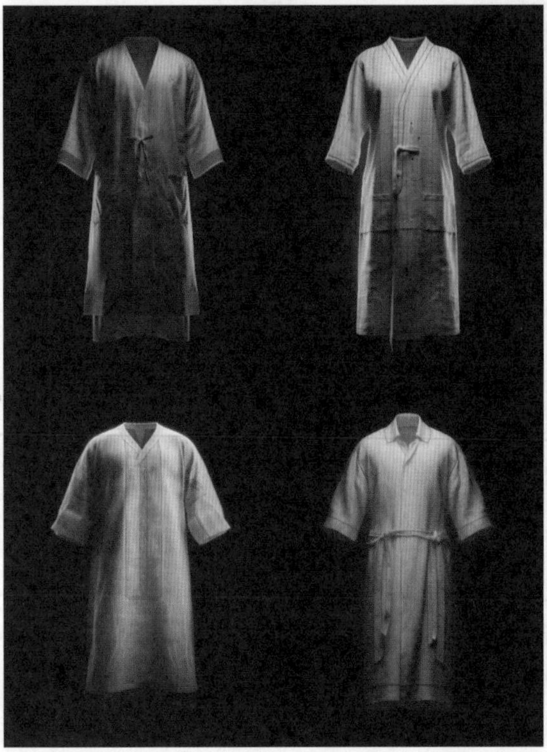

图 5-61

图 5-62

小结

bikini（比基尼）、underwear（内衣）、pantie（内裤）等 Prompt 在 Midjourney 中基本上都是被禁止使用的。bra（胸罩）、sports bra（运动胸罩）是被允许使用的。one-piece swimsuit（一体式泳衣）、highleg swimsuit（高叉泳衣）、leotard（紧身衣）、nightgown（睡袍）都可以使用。

在生成以上这类服装设计图时，建议只生成衣服本身的图片。如果在 Prompt 中对人物进行描述，也容易被 Midjourney 判定为违规。

5.3 应用设计

5.3.1 移动端应用

在用户界面（User Interface，UI）设计方面，Midjourney 虽然还没办法直接生成带有文字内容的完整的 UI 设计图，但我们依旧可以用它快速生成不同风格的 UI 草稿图来作为最终设计图的参考。本节主要介绍移动端应用的 UI 界面生成。首先，需要掌握的 Prompt 是“mobile App”（移动端应用）。因为苹果和安卓设备有不同的 UI 设计风格，所以我们可以使用 iOS、Apple design 或 Android、Google design 等 Prompt 来限定生成的 UI 风格。然后，我们可以在 Prompt 中加入“inspired by Behance, Figma and Dribbble”（Behance、Figma 和 Dribbble 是三个设计作品展示平台，具有大量的 UI 设计作品）来获得更好的生成效果。

在有了上述基本的 Prompt 后，我们可以在 Prompt 中加入需要设计的 App 类型，比如 fitness（健身）App。

Prompt: UI design for fitness mobile App, iOS, Apple design, inspired by Behance, Figma and Dribbble（健身移动端应用的 UI 设计，iOS，苹果设计，灵感来自 Behance、Figma 和 Dribbble）

Midjourney 生成的图片如图 5-63 所示。

在此基础上，我们可以进一步限定界面的配色，比如使用蓝色（blue）作为主题色，只需要在 Prompt 中加入“blue color tone”（蓝色调）这样的颜色描述即可。

Prompt: UI design for fitness mobile App, blue color tone, iOS, Apple design, inspired by Behance, Figma and Dribbble

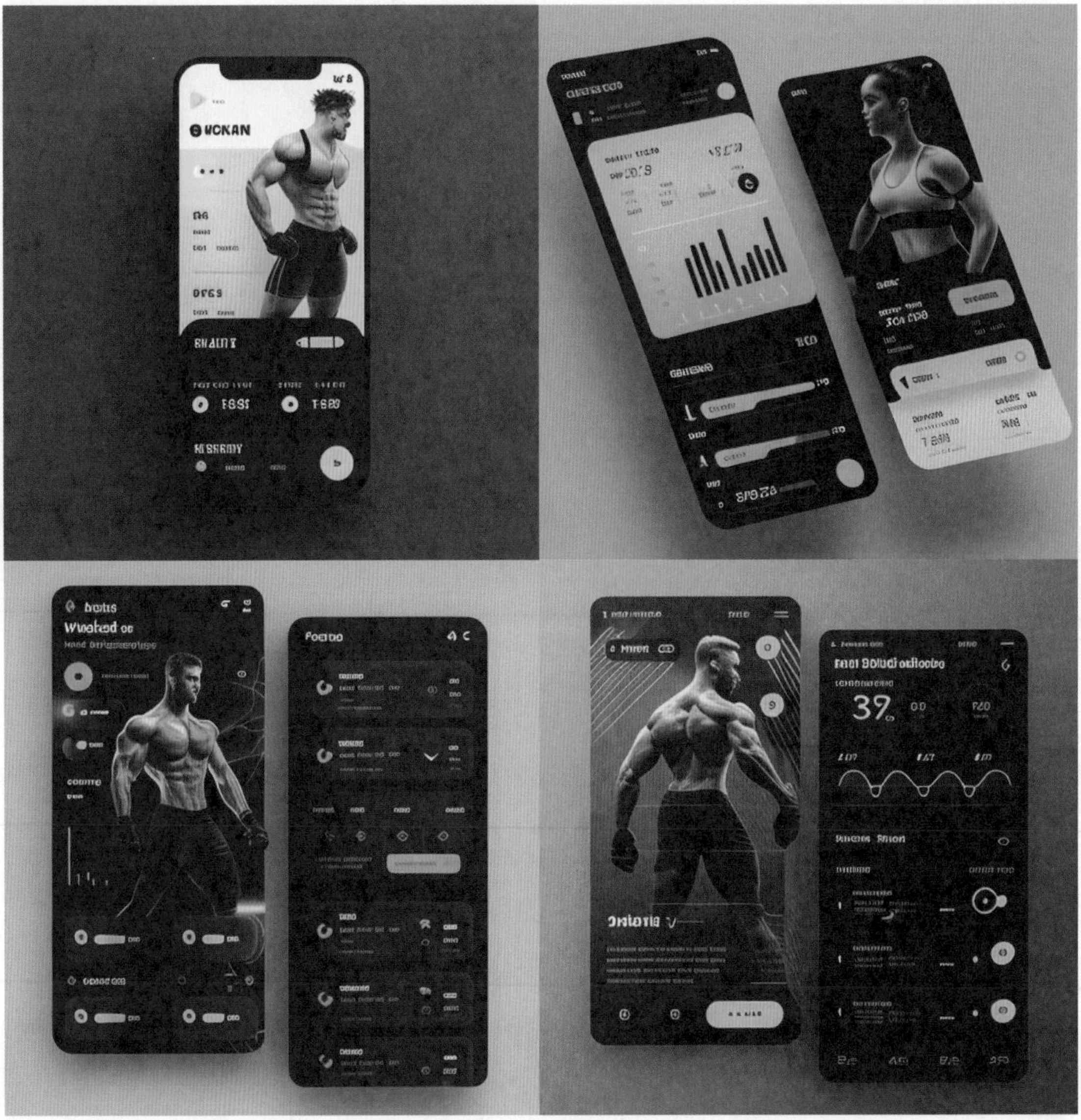

图 5-63

Midjourney 生成的图片如图 5-64 所示。

除了直接限定颜色，我们也可以添加描述风格的 Prompt，让 Midjourney 自由发挥，比如可以让 Midjourney 生成水彩风格（watercolor style）的健身 App 的 UI 设计图。

Prompt: UI design for fitness mobile App, watercolor style, iOS, Apple Design, inspired by Behance, Figma and Dribbble

Midjourney 生成的图片如图 5-65 所示。

图 5-64

图 5-65

最后，还有一个小技巧，很多时候 UI 展示都需要加上真机演示的样子。我们只需要在原有的 Prompt 前加上“photo of an iPhone”（一部 iPhone 手机的照片，“iPhone”可以替换成其他具体的真机型号）即可生成对应的真机演示 UI 设计图。

Prompt: photo of an iPhone UI design for fitness mobile App, watercolor style, iOS, Apple Design, inspired by Behance, Figma and Dribbble

Midjourney 生成的图片如图 5-66 所示。

图 5-66

小结

本节主要介绍了移动端应用在 UI 设计方面常用的一些 Prompt，也可以使用以下 Prompt：clean UI（干净的用户交互界面）、high resolution（高分辨率）、single screen（单一界面）、tablet（平板电脑）、App icon（应用图标）、launch page（启动页）、mascot（吉祥物）、elegant（优雅的）、feminine（女性化）、urban（都市）、color palette（调色板）、neon color（霓虹色）、transparent background（透明的背景）等。

5.3.2　网页端应用

本节介绍一下如何让 Midjourney 生成网站的 UI 设计图。我们只需要把刚才生成移动端应用 UI 设计图的 Prompt 中的“mobile App”改成“website”（网站）即可生成对应的网站的 UI 设计图了。在生成网站的 UI 设计图时，我们可以直接指定生成的页面类型，比如“landing page”（落地页）、“profile page”（个人主页）和“settings page”（设置页）等。下面生成一个 Cyberpunk（赛博朋克）风格的个人博客落地页。

Prompt: UI design for personal blog landing page, website, Cyberpunk style, high resolution, inspired by Behance, Figma and Dribbble（个人博客落地页，网站的 UI 设计，赛博朋克风格，高分辨率，灵感来自 Behance、Figma 和 Dribbble）

Midjourney 生成的落地页如图 5-67 所示。

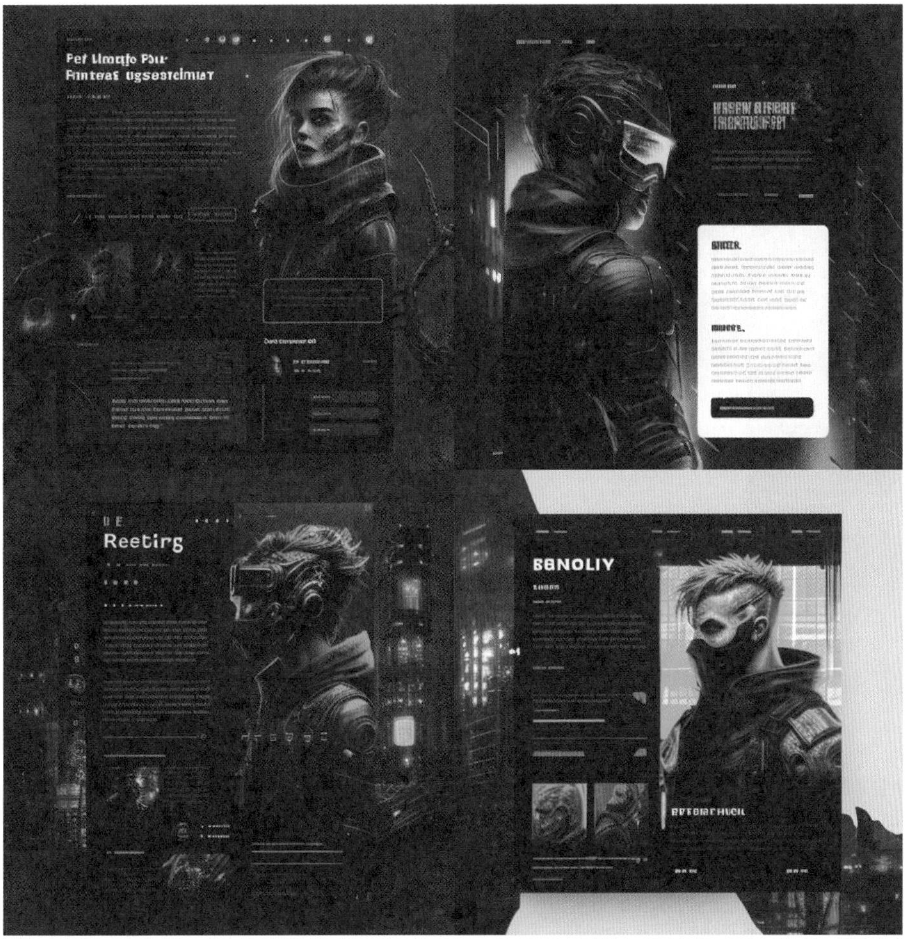

图 5-67

我们也可以在 Prompt 中增加对想要的特定模块的描述，比如确保生成的个人博客落地页中含有导航栏（navigation bar）、个人简介（author bio）和搜索栏（search bar）等模块。

Prompt: UI design for personal blog landing page with navigation bar, author bio and search bar, website, high resolution, inspired by Behance, Figma and Dribbble

Midjourney 生成的页面如图 5-68 所示。

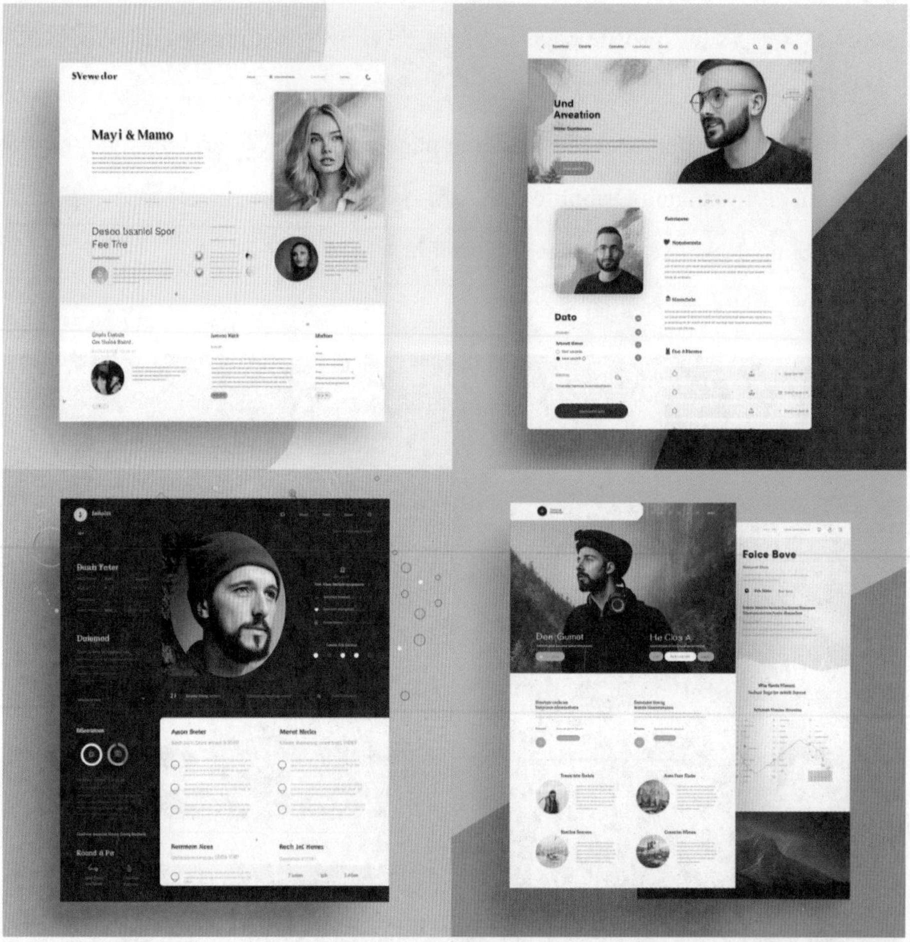

图 5-68

最后，与移动端应用的 UI 设计图一样，如果我们想要真机演示的 UI 界面，那么只需要在原有的 Prompt 前加上“photo of a Macbook Pro”（苹果电脑的照片，“Macbook Pro”可以替换成其他具体的真机型号）即可。

Prompt: photo of Macbook Pro UI design for personal blog landing page with navigation bar, author bio and search bar, website, high resolution, inspired by Behance, Figma and Dribbble

Midjourney 生成的页面如图 5-69 所示。

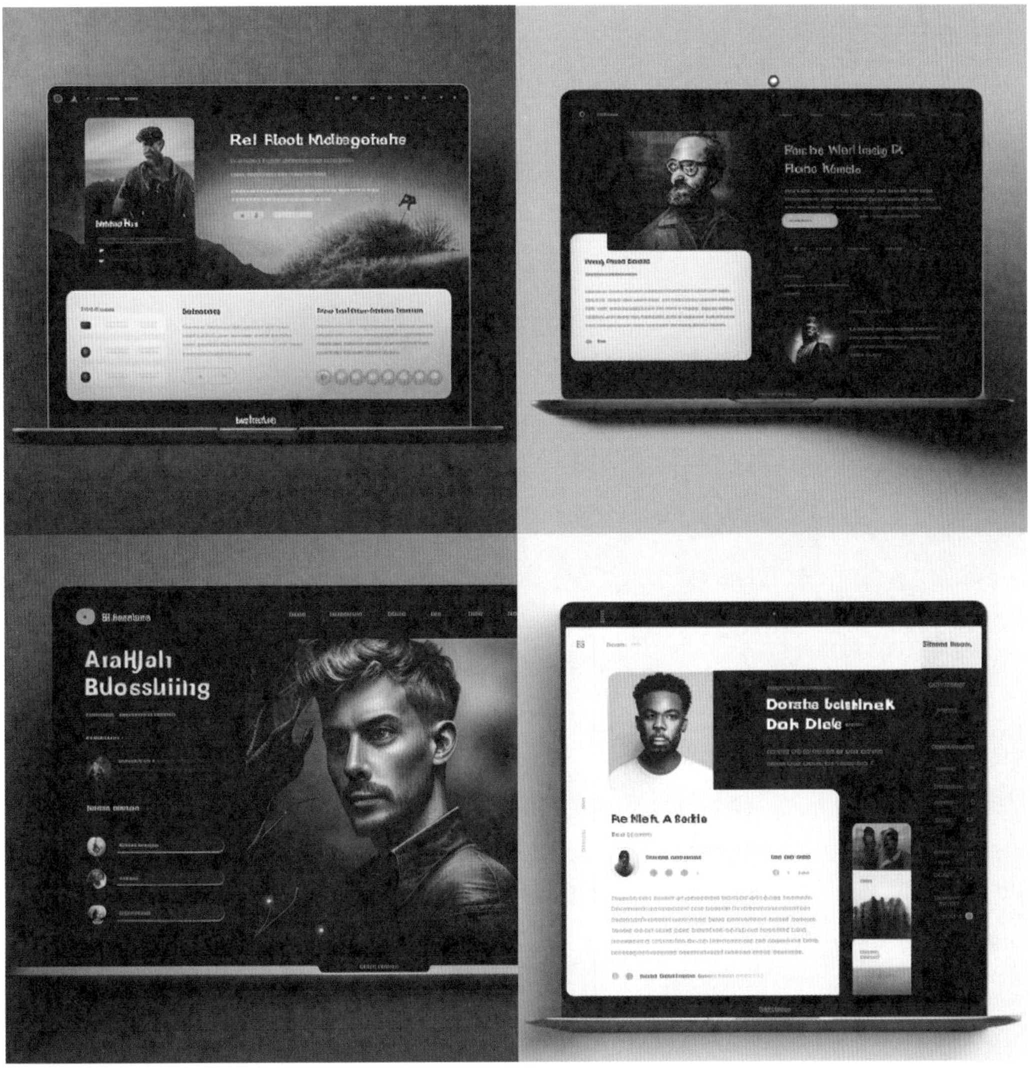

图 5-69

小结

本节主要介绍了生成网站的 UI 设计图时常用的 Prompt，除此之外还可以使用以下 Prompt：dashboard（仪表盘）、no shadow（没有阴影）、UI components（用户交互界面组件）、line style（线条风格）等。

5.3.3 游戏应用

得益于 Midjourney 的强大创造力，越来越多的游戏公司开始用 Midjourney 生成游戏中的各种素材，比如场景、人物和道具等。下面介绍如何生成游戏场景，比如我们想要一个中国古代武侠游戏的新手村场景。

Prompt: ancient China Chang 'an for the novice village of the game scene（中国古代长安为新手村的游戏场景）

Midjourney 生成的场景如图 5-70 所示。

图 5-70

在此基础上，我们还可以加入描述特定风格的 Prompt 来适应不同的游戏，比如用之前提到过的“Pixel Art style”（像素艺术风格）。

Prompt: ancient China Chang 'an for the novice village of the game scene, Pixel Art style

Midjourney 生成的像素艺术风格的场景如图 5-71 所示。

图 5-71

游戏人物主要有 2D 和 3D 两种画风。对于生成 2D 画风的游戏人物来说，我们可以使用 Niji 模型。Prompt 的结构也很简单，直接用“game character of ×××”（×××为角色名称）即可快速生成。如果你有游戏人物的具体形象，比如有基本的高、矮、胖、瘦及穿戴等信息，那么可以把这些作为 Prompt，这样可以生成更精准的形象。

Prompt: game character of panda man, 2D（熊猫人的游戏角色，2D 画风）

Midjourney 生成的 2D 画风的熊猫人如图 5-72 所示。

图 5-72

接下来生成 3D 画风的游戏人物。我们通过详细描述来生成一个游戏人物——骑士，同时为了更好地展示效果，可以在 Prompt 中加入“isometric view”（等距视图）。

Prompt: game character of a heroic knight, wielding a sword and shield, intricate armor details, 3D, isometric view（一个英勇骑士的游戏角色，挥舞着剑和盾，复杂的盔甲细节，3D 画风，等距视图）

Midjourney 生成的 3D 画风的骑士如图 5-73 所示。

最后，在生成游戏道具方面，我们只需要描述道具的名称和对应的风格，并补充描述道具的细节，即可生成不错的道具素材。比如，生成一个像素艺术风格的未来主义激光枪，并带有发射时的动效。

Prompt: a Pixel Art weapon of a laser gun, with futuristic design and detailed animations（一个像素艺术风格的激光枪，具有未来主义的设计和详细的动效）

Midjourney 生成的激光枪如图 5-74 所示。

图 5-73

图 5-74

小结

本节主要介绍了在游戏应用设计中常用的 Prompt，此外还可以使用以下 Prompt：medal design（奖牌设计）、treasure box（宝箱）、frequent use of diagonals（频繁使用对角线）、cartoon game style（卡通游戏风格）、vibrant colors（色彩鲜艳）、miniature and small-scale paintings（微型和小型绘画）、free brushwork（自由的笔刷）、soft color fields（柔和的色块）、birds-eye-view（鸟瞰视角）、hyperreal（超现实）、Zelda style（塞尔达风格）、character design（角色设定）、full body（全身）、elaborate costumes（精致的服装）、clay render（白模渲染）等。

5.4 工业设计

什么是工业设计？工业设计是一种以人为本、以产品为中心的设计方法，旨在创造出符合人体工学、美学、技术和商业需求的产品。它涉及产品的外观、功能、使用体验、生产工艺等多个方面，是将设计与工程、制造、营销等多个领域相结合的综合性学科。

工业设计的应用范围广泛，包括家电、数码产品、汽车、家具、玩具、包装等各个领域。工业设计师需要在理解用户需求和市场趋势的基础上，运用自己的创意和技能，设计出具有独特性、竞争力和商业价值的产品。

工业设计师可以使用 Midjourney 在以下几个环节提高效率。

（1）创意阶段：进行头脑风暴和设计草图，开发和评估多个设计方案。

（2）设计开发阶段：进行设计细化和制造准备，包括 3D 建模、原型制作、材料和工艺选择等。

（3）市场推广和销售阶段：进行市场营销和销售推广，收集用户的反馈，评估设计的市场表现，进行改进和优化。

5.4.1 球鞋

假设我是一名独立的产品设计师，接到了某运动品牌方的合作邀请。对方希望我设计一款针对 25 ~ 35 岁年轻人的潮流运动鞋，在风格样式上希望保持前卫运动风格，球鞋的定价为数百元。

1. 创意阶段

根据品牌方的需求，我将这款鞋定义为中性风格的潮流运动鞋（unisex trendy sports shoes），然后用 Midjourney 初步生成一组构思图，在表现形式上用简单的彩色铅笔素描，并附带这双鞋的不同视角。

Prompt: product design research collection of unisex trendy sports shoes, three views of an image, generate three views, namely the front view, the side view and the back view, multi-angle and detail display, auxiliary line, colorized pencil sketch, high detail, 4K, industrial design, white background（中性风格的潮流运动鞋产品设计研究集，在一张图片中生成三个视图，即前视图、侧视图和后视图，多角度和细节展示，辅助线，彩色铅笔素描，高细节，4K 分辨率，工业设计，白色背景）

Midjourney 生成的图片如图 5-75 所示。

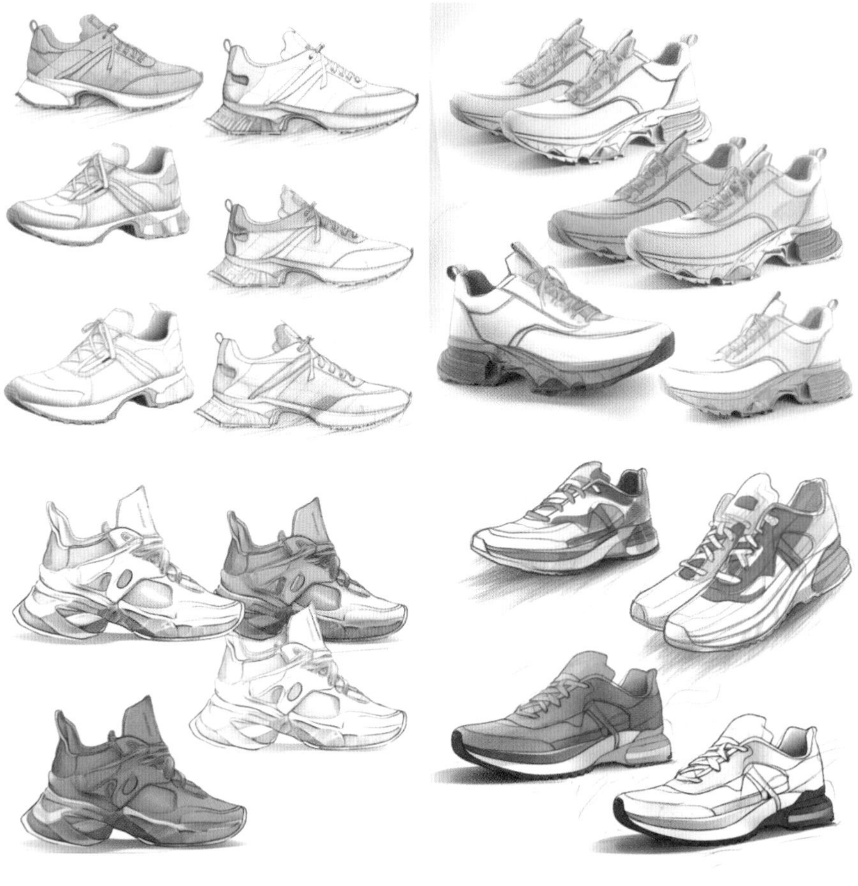

图 5-75

Midjourney 生成的图片基本上符合我的设想，但是在外形上还不太符合前卫风格，此时我需要在 Prompt 中添加更多对风格的描述，例如设计师与造型的风格。

此时，我的脑海中浮现出一些与前卫和科技相关的 Prompt：one-piece molded（一体成型）、providing a sleek and streamlined appearance（提供圆滑和流线型的外观）、minimalistic（极简的）、comfort-first（强调舒适性）、forward-thinking and futuristic（前卫和未来感）、unique curves and fluidity（独特的曲线和流线型）、bold geometric shapes（大胆的几何形状）。

重新组织一下 Prompt，使用 Midjourney 再生成一组图片。

Prompt: product design research collection of unisex trendy athletic shoes, one-piece molded, providing a sleek and streamlined appearance, minimalistic, comfort-first, forward-thinking and futuristic, unique curves and fluidity, bold geometric shapes, three views of an image, generate three views, namely the front view, the side view and the back view, multi-angle and detail display, auxiliary line, colorized pencil sketch, high detail, 4K, industrial design, white background

Midjourney 生成的图片如图 5-76 所示。

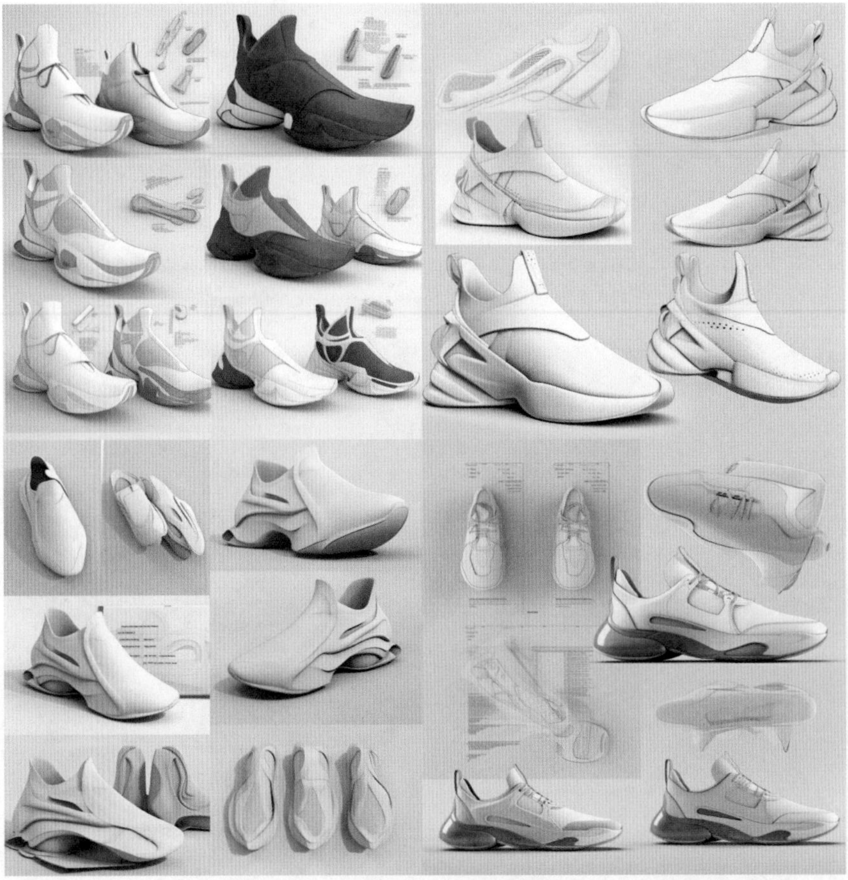

图 5-76

这次，基本上确定了球鞋的简约与前卫风格，接下来需要在制作球鞋的材料与外观表达上进行更详细的描述。

2. 设计开发阶段

我参考了目前比较成熟的球鞋制作工艺，对制作球鞋的材料进行了限定。例如，采用编织鞋面（woven upper）、缓震鞋底（cushioned sole）、无鞋带设计（laceless design）、植绒鞋垫（plush insole），在色彩上采用柔和细腻的渐变色方案（soft and subtle gradient color scheme）。另外，我需要用渲染引擎制作更有质感的渲染效果图。

Prompt: unisex trendy athletic shoes, one-piece molded, providing a sleek and streamlined appearance, woven upper, cushioned sole, laceless design, plush insole,soft and subtle gradient color scheme, motion blur, extreme close-up, POV, extreme wide angle,3D, C4D, Octane rendering, light tracing, central composition, frontal view, depth of field, natural light, bright color background, technological virtual background,8K（中性风格的潮流运动鞋，一体成型，提供圆滑和流线型的外观，编织鞋面，缓震鞋底，无鞋带设计，植绒鞋垫，柔和细腻的渐变色方案，运动模糊，极度特写，POV，极宽广的视角，3D，C4D，Octane 渲染，光线追踪，中心构图，前视图，景深，自然光，亮色背景，技术虚拟背景，8K 分辨率）

Midjourney 生成的渲染效果图如图 5-77 所示。

图 5-77

球鞋的设计方案确定下来了，在通过评审后进入生产阶段，并最终进入市场推广和销售阶段。

3. 市场推广和销售阶段

在球鞋的设计方案通过后，品牌方希望我能够为这款球鞋推出合适的产品宣传物料，特别是将产品的外观与使用场景相结合。

对于这款透气、舒适的中性风格的潮流运动鞋，我不仅希望年轻用户在逛街时穿，而且希望他们穿着它在平坦的山路上进行轻度的徒步运动。因此，我用 Midjourney 把这款鞋与户外场景相结合，并搭配合适的自然光。

于是，我在原有的 Prompt 中加入“road between the mountains”（山与山之间的路）和 golden hour（黄金时刻）。

Prompt: unisex trendy athletic shoes, one-piece molded, providing a sleek and streamlined appearance, woven upper, cushioned sole, laceless design, plush insole, soft and subtle gradient color scheme, road between the mountains, golden hour, motion blur, extreme close-up, POV, extreme wide angle,3D, C4D, Octane rendering, light tracing, central composition, frontal view, depth of field, natural light, bright color background, technological virtual background,8K

Midjourney 生成的图片如图 5-78 所示。

图 5-78

5.4.2　数码

本节将为游戏厂商开发一款复古的游戏机。据悉，这款游戏机将面向有游戏情怀的老玩家，他们对复古的游戏机非常感兴趣。

已知的信息如下：游戏机的整体结构采用结实的塑料材质，在表面上涂了钢琴漆以凸显其质感，游戏机的边缘采用航空铝材料进行修饰，以凸显游戏机的光泽。另外，我们还需要为它设定一个拍摄场景，画面以黑色背景为主，让灯光打在游戏机上，通过反光，突出材料表面的光滑质感。

Prompt: a square game console with rounded edges, integrated as a whole, made of black plastic material and with a piano-baked surface. the silver frame is made of aviation aluminum material, next to the game console is controller, POV, exaggerated perspective, sharp photography, blank space, realistic lighting and shading, studio black background, epic photography, expensive commercial post production, HDR, 8K. --ar 16:9（一款方形的游戏机，圆形的边缘，浑然一体，采用黑色塑料材质和钢琴漆表面。银色边框采用航空铝材料，旁边放着独立的手柄，POV，夸张的透视，锐利地拍摄，空白区域，逼真的光线、阴影和质感，工作室黑色背景，史诗级的摄影，昂贵的商业后期制作处理，高动态范围，8K 分辨率）

Midjourney 生成的图片如图 5-79 所示。

图 5-79

5.4.3 家具

在家具的案例中，我们在丹麦设计师弗内斯·潘通（Verner Panton）于 1960 年设计的潘通椅的基础上，设计一款透明、有光泽（transparent and glossy）的流线型椅子（a streamlined chair），采用柔和的色调（pastel color），并将它放置在一个由玻璃、金属及水泥构成的现代空间中，时间选择为黄昏或黎明时分（magic hour），此时的光线相对柔和。

Prompt: a streamlined chair, designed by Verner Panton, transparent and glossy，pastel color, placed in a bright and minimalist interior space made of glass, metal, and concrete, organic architecture, magic hour, extreme close-up, POV, clean background, masterpiece, expensive commercial retouching, super details, super-resolution（一把流线型的椅子，由弗内斯·潘通设计，透明、有光泽，采用柔和的色调，摆放在一个由玻璃、金属和水泥构成的明亮通透的室内空间中，这个空间采用了有机建筑设计，柔和光线，极度特写，POV，背景干净，这是一件杰作，进行了昂贵的商业后期修饰处理，呈现出超级细节和超高分辨率的效果）

Midjourney 生成的图片如图 5-80 所示。

图 5-80

接下来，打算设计一款木质的抽象风格的椅子，想到了以下元素：家具设计（furniture design）、抽象（abstract）、有机（organic）、木质（wooden）、摄影（photograhy）、设计师保罗·帕卢科（Paolo Pallucco）、艺术家萨尔瓦多·达利（Salvador Dali）。

把这些元素融合起来，在 Midjourney 中试一试效果。

Prompt: an organically shaped chair, wooden form and texture, furniture design, designed by Paolo Pallucco and Salvador Dali, extreme close-up, blank space, realistic lighting and shading, sharp photography, high resolution, expensive commercial post production, 8K（一把有机造型的椅子，木质的形态和质地，家具设计、由保罗·帕卢科和萨尔瓦多·达利设计，极度特写，空白区域，逼真的光线和阴影，锐利地拍摄，高分辨率，昂贵的商业后期制作处理，8K 分辨率）

Midjourney 生成的图片如图 5-81 所示。

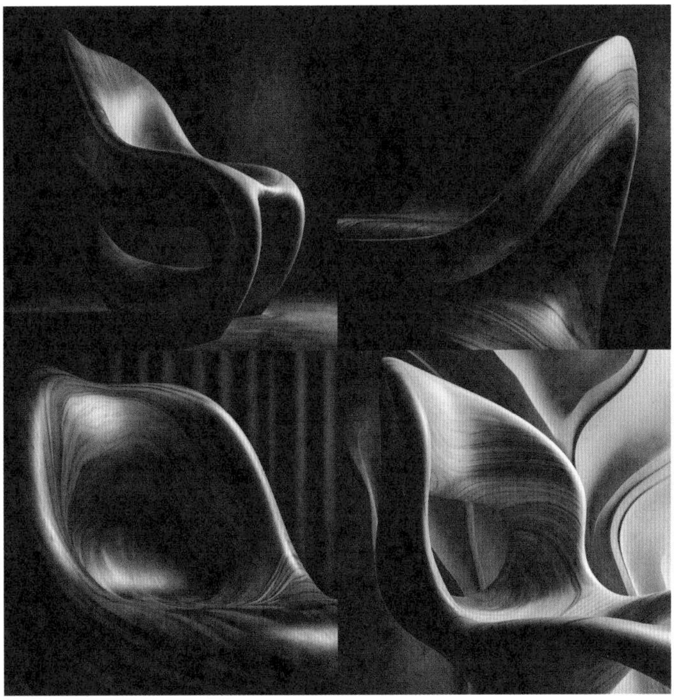

图 5-81

5.4.4 交通

我们展开想象，设计一款可以在火星上驾驶的电动越野车，让它具有几何造型，带有一些赛博朋克风格，并且呈现这辆电动越野车向观众开来的冲击力，如图 5-82 所示。

Prompt: an electric vehicle in motion, off-road, with angular, symmetrical, geometric design, futuristic, surreal, Cyberpunk, iron form and texture, the car lunges for the camera, shuttles between the rocks on Mars, golden hour, extreme close-up, POV, exaggerated perspective, sharp photography, blank space, realistic lighting and shading, epic photography, high resolution, expensive commercial post production, HDR, 8K. --ar 16:9（一辆行驶中的电动越野车，有棱有角、对称、几何造型设计，未来感，超现实，赛博朋克，钢铁外形和质地，这辆车在火星的岩石之间穿梭，向镜头扑来，黄金时刻，极度特写，POV，夸张的透视，锐利地拍摄，留白，逼真的光线和明暗效果，史诗级的摄影效果，高分辨率，昂贵的商业后期制作处理，高动态范围，8K 分辨率）

图 5-82

除了设计在火星上行驶的电动越野车，我们再设计一辆火星上的电动高铁列车。下面罗列一下 Prompt：electric train（电动高铁列车）、high speed（高速）、light strips（电光）、silver bullet（银色子弹）。

Prompt: an electric train in motion, high speed, with light strips, with angular, symmetrical, geometric design, the head is like a silver bullet, futuristic, surreal, innovative, hi-tech, sleek, minimalistic, front quarter view, the train lunges for the camera, shuttles between the rocks on Mars, golden hour, extreme close-up, POV, exaggerated perspective, sharp photography, blank space, realistic lighting and shading, epic photography, high resolution, expensive commercial post production, HDR, 8K. --ar 16:9（一辆行驶中的电动高铁列车，高速，带有电光，有棱有角，对称，几何造型设计，车头就像一枚银色子弹，未来感，超现实，创新，高科技，流线型的，极简的，前方四分之一视角，高铁列车在火星的岩石之间穿梭，向镜头扑来，黄金时刻，极度特写，车辆向观众扑来，POV，夸张的透视，锐利地拍摄，留白，逼真的光线和明暗效果，史诗级的摄影效果，高分辨率，昂贵的商业后期制作处理，高动态范围，8K 分辨率）

Midjourney 生成的图片如图 5-83 所示。

图 5-83

小结

在工业设计中，无论是传统手绘与建模，还是使用 Midjourney 完成创意表达，设计语言都是通用的，即描述产品外观、形态、材料、色彩、质感等一系列设计元素。我们可以按照一定的设计原则，创建有独特的、一致的视觉风格和品牌形象的产品，从而让产品在市场上获得更好的识别度和竞争力。

你可以试一试使用这样一种面向 Midjourney 的设计语言——“主体+细节+环境+风格+构图+色彩+渲染器+清晰度”，更好地自定义设计方案。

5.5 建筑设计

建筑学是一门艺术和技术之间的特殊学科。建筑师除了需要掌握建筑学的知识，还需要与客户进行有效的沟通。因为大多数客户没有建筑学专业背景，所以图片和图纸成为帮助建筑师与客户合作的最重要的工具。

随着 AI 时代的到来，AI 制图在建筑学的发展过程中越来越重要。作为一名职业建筑师，我将在本节详细地介绍如何利用 Midjourney 完成建筑表达图纸的绘制。

我们使用的关于建筑的 Prompt 分为以下九个类型：

（1）镜头与构图，如 tilt-shift（移轴镜头）、ultra-wide angle（超广角）等。

（2）建筑空间的名称，如屋顶（rooftop）、大堂（lobby）。

（3）材料，如 metal（金属）、玻璃（glass）等。

（4）场景的细节，如 a lot of people（人群）、bill board（广告牌）、handrail（扶手）等。

（5）位置，如 urban（城市）、forest（森林）等。

（6）天气，如 sunny（晴天）、rainy（雨天）等。

（7）氛围，如 relaxing（轻松的）、quiet（安静的）、thrilling（激动人心的）等。

（8）设计师，如 Zaha Hadid（扎哈·哈迪德）、Louis Kahn（路易斯·康）等。

（9）建筑的类型，如 commercial（商业类）、sports（体育类）、office（办公类）等。

我们可以使用不同的 Prompt 让 Midjourney 生成不同类型的建筑与空间。5.5.1 节 ~ 5.5.3 节中的例子表达同一个建筑的不同空间，5.5.4 节和 5.5.5 节中的例子表达单独的空间。

5.5.1 商业综合体

商业综合体（commercial complex）是一个商业开发项目，通常包含多个不同类型的商业和娱乐设施，例如购物中心、办公楼、住宅，旨在为人们提供一站式的购物、娱乐、工作和生活体验。

我们通常使用不同空间的效果图来表达建筑设计方案，下面选取主入口、大堂、屋顶花园三个空间。

1. 主入口

Prompt: symmetrical, tilt-shift, main entrance, a lot of people, glass, steel, ornate signage, neutral, metallic, daylight, urban, daytime, modern, grand, Zaha Hadid, mixed-use, ultra detail, V-Ray, 8K（对称的，移轴镜头，主入口，人群，玻璃，钢，华丽的标志，中性，金属的，日光，城市，白天，现代，宏伟的，扎哈·哈迪德，混合使用，超细节，V-Ray[①]，8K 分辨率）

Midjourney 生成的主入口图如图 5-84 所示。

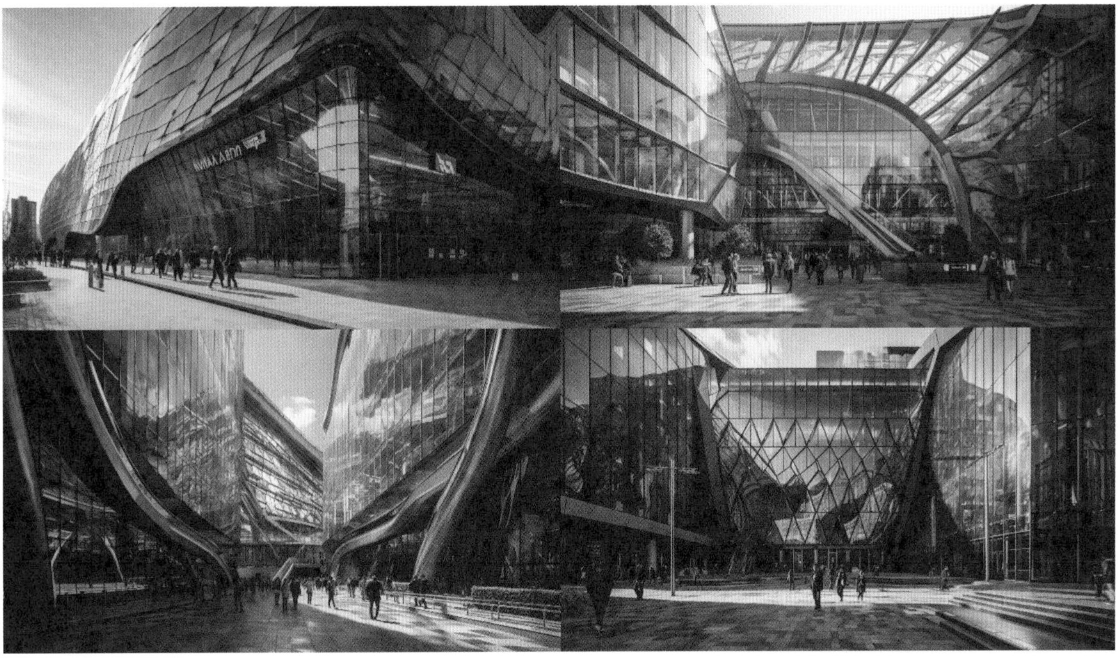

图 5-84

有以下两点需要注意。

第一个是移轴镜头的使用。在摄影中，移轴镜头通常被用于建筑摄影，可以使建筑物看起来更加自然和直立，而不会有因透视失真而导致的变形。对于建筑的主体空间，特别是主入口，我们使用移轴镜头来表达出挺拔的建筑空间。

第二个是材料与设计师的契合程度。我们在 Prompt 中加入了材料“glass，steel”与设计师“Zaha Hadid”。扎哈·哈迪德的设计作品以使用曲线形态的复杂几何结构而闻名，同

① V-Ray 是一种建筑领域常用的渲染器。

时使用玻璃和钢这两种材料来体现未来感。她创造出了许多具有高度想象力和创造力的建筑作品。

在获得了主入口空间的图片后，我们如何得到风格统一的其他位置的空间表达图（如大堂、屋顶花园等）呢？

这就需要了解种子（Seed）值这个概念。Midjourney 每一次生成图片，都会生成相对应的种子值，它代表与之对应的风格。在生成其他图片时，如果使用相同的种子值，就会生成与该种子值相对应的与原图片风格相近的图片。

下面介绍如何获取与使用种子值。点击图 5-85 右上角的表情符号，再点击图 5-86 所示的信封（envelop）图标，就可以得到如图 5-87 所示的种子值。

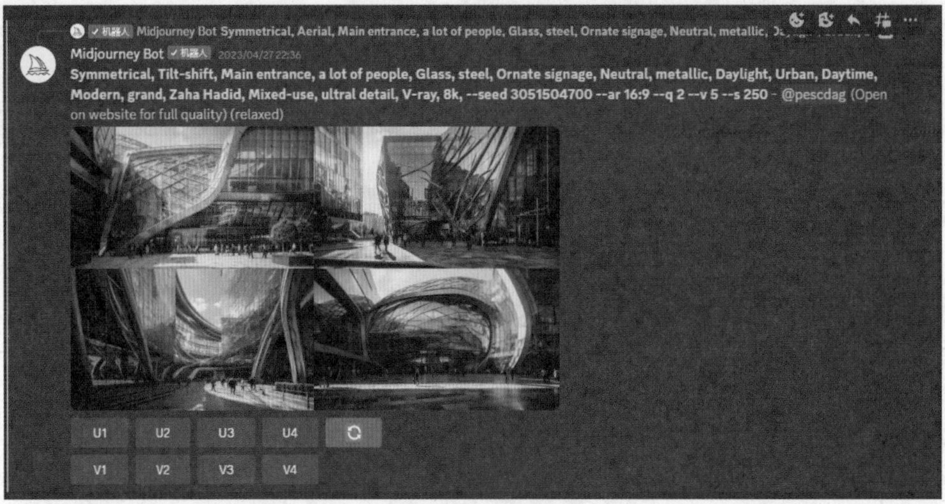

图 5-85

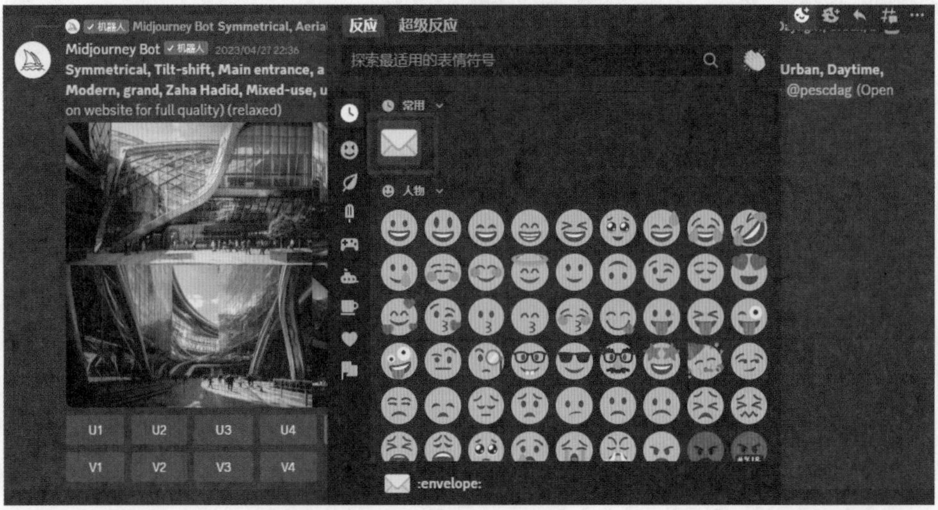

图 5-86

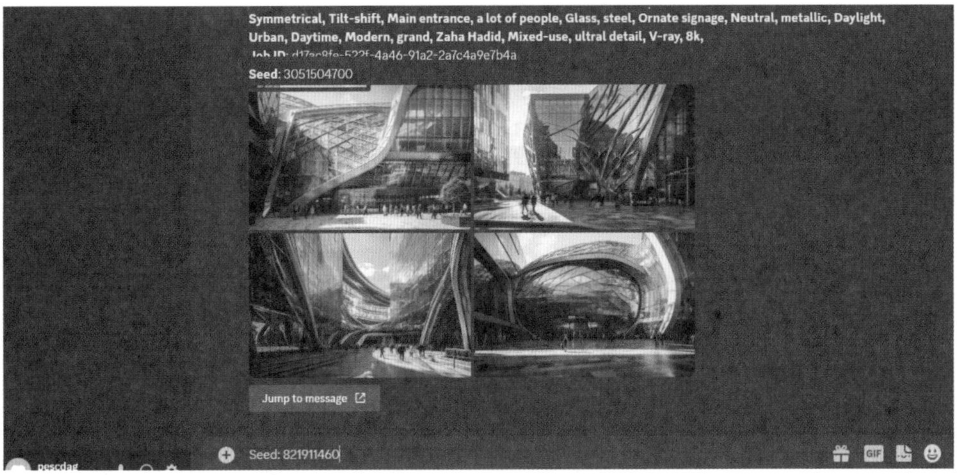

图 5-87

种子值与图片的风格是绑定的，也就是说使用相同的 Prompt 加上同一个种子值会生成相同风格的一张图。

如果使用不同的 Prompt、相同的种子值，那么生成的图片的风格相似。在 Prompt 的后面加入种子值即可使用。

2. 大堂

在建筑学中，大堂通常指的是建筑物的接待区域，是进入建筑物后的第一个空间，因此它的设计和布置非常重要，可以为访问者留下深刻的第一印象。我们需要将相机视角改为广角镜头（ultra-wide angle）来表达出宽广的空间。在大堂中，通常会有一些商店的店面和招牌，因此在 Prompt 中可以加入“stores with signboards”（商店与招牌）。

Prompt: symmetrical, ultra-wide angle, lobby, a lot of people, glass, steel, stores with signboards, neutral, metallic, daylight, urban, daytime, modern, grand, Zaha Hadid, mixed-use, ultra detail, V-Ray, 8K, --seed 3051504700 --ar 16:9

Midjourney 生成的大堂图如图 5-88 所示。

3. 屋顶花园

在建筑学中，屋顶花园通常是指建筑物顶部设置的一个种植花草和树木的绿化区域。屋顶花园可以为城市提供绿色空间。我们可以在 Prompt 中加入“rooftop garden”（屋顶花园）及“trees”（树）。

图 5-88

Prompt: symmetrical, ultra-wide angle, rooftop garden, a lot of people, glass, steel, trees, neutral, metallic, daylight, urban, daytime, modern, grand, Zaha Hadid, mixed-use, ultra detail, V-Ray, 8K, --seed 3051504700 --ar 16:9

Midjourney 生成的屋顶花园图如图 5-89 所示。

图 5-89

小结

本节介绍了如何利用 Midjourney 生成商业综合体的不同空间效果图。从主入口到大堂，再到屋顶花园，使用相同的种子值实现了风格的统一。通过调整摄影镜头（如移轴镜头），加入特定的 Prompt（如 glass、steel、Zaha Hadid 等），呈现了具有现代感、宏伟的和细节丰富的商业综合体空间图。

5.5.2　体育馆

体育馆作为地标在城市中扮演着非常重要的角色。一方面，体育馆作为一个具有独特形象和特征的建筑，可以成为城市的象征性标志，吸引游客和外来人口，为城市增添活力和魅力。另一方面，体育馆也是城市的重要组成部分，为城市打造良好的形象。

我们一般使用鸟瞰图表达体育馆的设计，比如使用以下 Prompt：aerial view of the stadium and surrounding area（球场和周围环境的鸟瞰图）。通过鸟瞰图，我们可以清晰地看到体育馆的外观、座位数量、周围环境等。同时，鸟瞰图还可以很好地展示体育馆与周边建筑和城市景观的关系。我们还可以在 Prompt 中加入“aerial drone shot”（无人机航拍）来强调从空中俯瞰的效果。

我们可以在 Prompt 中加入“Populous”（博普乐思）生成体育馆这类建筑的图片。博普乐思是一家专注于设计体育馆、会议中心、娱乐场所和公共空间等项目的公司。

为了使体育馆各个空间的调性一致，我们获取图 5-90 的种子值，获取种子值的方法已经介绍过了。图 5-90 的种子值为 2833741667。

Prompt: aerial view of the stadium and surrounding area, aerial drone shot, stadium and surrounding landscape, grass, concrete, steel, seating, scoreboards, roof structure, green, brown, gray, white, natural light, urban area, daytime, energetic, Populous, sports, ultra detail, V-Ray, 8K, --ar 16:9（球场和周围环境的鸟瞰图，无人机航拍，球场和周围的景观，草地，混凝土，钢，座位，计分板，屋顶结构，绿色，棕色，灰色，白色，自然光，城区，白天，激动人心的，博普乐思，体育，超细节，V-Ray，8K 分辨率，宽高比为 16：9）

Midjourney 生成的体育馆图片如图 5-90 所示。

1. 体育馆的入口

我们使用低角度拍摄（low-angle shot），可以使体育馆的入口看起来更加高大，可以营造出一种具有震撼力和气势的视觉效果。这种拍摄方式可以使人们更加深刻地感受到体育馆的规模和高度。

图 5-90

除此之外，我们还需要在 Prompt 中加入“ground-level wide-angle lens”（地面广角镜头）。地面广角镜头可以突出体育馆入口的建筑设计和细节。通过这种拍摄方式，人们可以清楚地看到体育馆入口的建筑风格、材料和装饰等，从而感受到体育馆的美学价值。

Prompt: low-angle shot of the stadium exterior, ground-level wide-angle lens, a lot of people, stadium facade and entrance, grass, concrete, steel, signage, lighting fixtures, landscaping, green, brown, gray, white, natural light, urban area, late afternoon, energetic, Populous, sports, ultra detail, V-Ray, 8k, --ar 16:9 --seed 2833741667（体育馆外部的低角度拍摄，地面广角镜头，人群，体育馆立面和入口，草地，混凝土，钢，标志，照明设备，景观，绿色，棕色，灰色，白色，自然光，城区，下午晚些时候，激动人心的，博普乐思，体育，超细节，V-Ray，8K 分辨率，宽高比为 16：9，种子值为 2833741667）

Midjourney 生成的体育馆入口图如图 5-91 所示。

2. 体育馆的内部全景

我们使用全景摄像（panoramic view）方式，可以拍摄到整个体育馆内部的场地、看台和环境，创造出一种全景的视觉效果。人们可以通过全景图片更好地了解体育馆内部的场地和设施，如座位数量、灯光等，从而更好地评估体育馆的功能性和实用性。

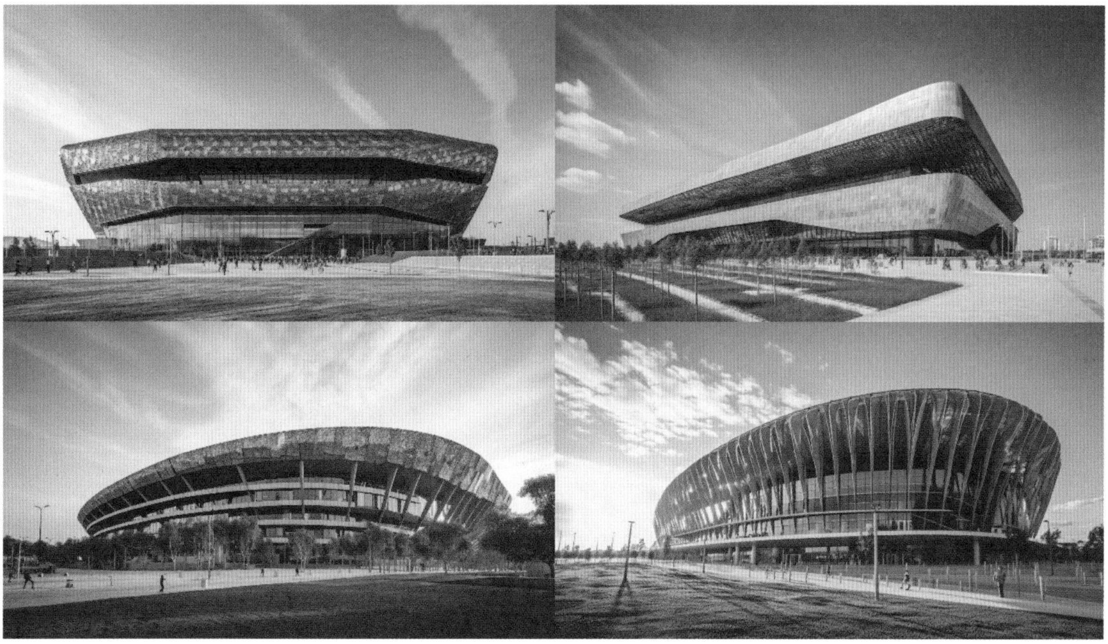

图 5-91

为了让场景更加真实，我们可以在 Prompt 中加入“stadium lights”（体育馆灯光）。体育馆灯光通常指比赛或训练时体育馆所用的照明灯光。

在体育馆的内部全景表达中，为了让画面的细节更加丰富，可以在 Prompt 中加入“synthetic turf”（合成草皮）、“seating sections”（座位区）。同时，我们也可以使用“thrilling”来表达体育馆的氛围。

Prompt: panoramic view of the stadium interior, wide-angle lens, field and seating bowl, synthetic turf, concrete, a lot of people, metal, seating sections, stairways, video boards, green, brown, gray, white, stadium lights, urban area, nighttime, thrilling, Populous, sports, ultra detail, V-Ray, 8K, --ar 16:9 --seed 821911460（体育馆全景摄像，广角镜头，场地和座位，合成草皮，混凝土，人群，金属，座位区，楼梯，视频板，绿色，棕色，灰色，白色，体育馆灯光，城区，夜间，激动人心的，博普乐思，体育，超细节，V-Ray，8K 分辨率，宽高比为 16：9）

Midjourney 生成的体育馆的内部全景图如图 5-92 所示。

图 5-92

小结

本节介绍了 Midjourney 在体育馆设计中的应用，用鸟瞰图和航拍无人机展示了体育馆的外观、座位数量和周围环境，并使用全景摄像的方式呈现了体育馆内部的场地和设施，通过在 Prompt 中加入“synthetic turf”“seating sections”“stadium lights”等营造出真实的氛围和丰富的细节。

5.5.3 湖边现代艺术博物馆

现代艺术博物馆是指专门收藏和展示现代艺术作品的博物馆。

现代艺术博物馆的设计和空间布局通常需要考虑对现代艺术品的展示与保护。在设计方面，现代艺术博物馆通常采用现代主义的建筑风格，注重简洁、明亮、通透的空间布局和灯光设计，以突出展品的艺术价值和美感。

1. 湖边现代艺术博物馆的入口

极简主义（minimalism）在建筑学中指的是一种简约主义的设计风格，强调简洁、精致并减少多余的装饰和材料，追求简单、纯粹的美感和空间感受。现代艺术博物馆通常使用混凝土和玻璃作为材质。

Philip Johnson（菲利普·约翰逊）是美国著名的建筑师、建筑评论家和策展人，被誉为现代主义建筑的先驱之一，也曾是纽约现代艺术博物馆的策展人。他的作品具有明显的艺术感和雕塑感，强调建筑与环境和谐和一体性。因此，我们可以在 Prompt 中加入他的名字，让他作为这个项目的设计师。

Prompt: symmetrical, straight-on, entrance, concrete, glass, coarse details, neutral, natural, lakeside, early morning, minimalism, Philip Johnson, modern art museum, ultra detail, V-Ray, 8K（对称的，直视，入口，混凝土，玻璃，粗糙的细节，中性，自然，湖边，清晨，极简主义，菲利普·约翰逊，现代艺术博物馆，超细节，V-Ray，8K 分辨率）

Midjourney 生成的湖边现代艺术博物馆的入口图如图 5-93 所示。

图 5-93

2. 湖边现代艺术博物馆的大堂

在生成大堂的图片时，我们可以使用对角线（diagonal）构图。对角线构图在室内拍摄时能够增强空间感、层次感、动感和稳定感，使照片更加生动、有趣，同时也能更好地表现出室内的艺术氛围。

Prompt: minimalism, diagonal, lobby, glass, coarse details, neutral, natural, lakeside, early morning, Philip Johnson, modern art museum, ultra detail, V-Ray, 8K, --ar 16:9 --seed 517397781

Midjourney 生成的湖边现代艺术博物馆的大堂图如图 5-94 所示。

图 5-94

3. 现代艺术博物馆的展厅

在现代艺术博物馆中，通常会有展厅陈列现代艺术雕塑，因此我们可以在 Prompt 中加入“interior modern sculpture exhibition”（室内现代雕塑展览），同时使用高角度（high angle）拍摄可以增加规模感和立体感，强调形态，丰富构图，从而让观众更好地欣赏和理解雕塑的艺术特点。

同时，动态的（dynamic）构图在室内现代雕塑展览设计中能够强调动感和节奏感，突出视觉冲击力和雕塑的特点，增加艺术感，从而提高观众的欣赏体验。

Prompt: dynamic, high angle, interior modern sculpture exhibition, glass, concrete, fine details, vibrant, natural, lakeside, midday, minimal, Philip Johnson, modern art museum, ultra detail, V-Ray, 8K, --ar 16:9 --seed 517397781（动态的，高角度，室内现代雕塑展览，玻璃，混凝土，精细的细节，充满活力的，自然，湖边，中午，最小的，菲利普·约翰逊，现代艺术博物馆，超细节，V-Ray，8K 分辨率，宽高比为 16∶9，种子值为 517397781）

Midjourney 生成的现代艺术博物馆的展厅图如图 5-95 所示。

图 5-95

小结

本节介绍了湖边现代艺术博物馆的入口、大堂和展厅的设计，分别使用了不同的 Prompt 来生成具有不同风格和特点的图纸。例如，对于入口图，使用“minimalism”“concrete”“glass”等 Prompt，以突出现代艺术博物馆的简洁、明亮和艺术感。对于大堂图和展厅图，分别使用“diagonal”和“high angle”“interior modern sculpture exhibition”等 Prompt，以增强空间感和艺术感。

5.5.4　室内办公

1. 城市视角的顶层办公楼

对于办公场景，我们可以在 Prompt 中加入一些与空间设计相关的词。比如，想生成有城市景观的办公室的图片，就可以加入 city view 这个词，它表达了透过窗户能够看到城市天际线的空间体验。要想让办公室的风格更现代和简洁，就可以加入“monochromatic”（单色的），它表达了一种统一的颜色调性的风格，有助于表达办公室严肃的氛围。

我们在 Prompt 中加入“Norman Foster”（诺曼·福斯特）。他是一位著名的建筑师，在建筑和办公室设计领域享有盛誉。他的办公室设计注重创新、功能性和美学，并以简洁、现代和可持续的设计风格闻名。

Prompt: panoramic, high angle, city view, concrete, glass, large-scale art, monochromatic color palette, backlight lighting, top floor location, sunset time of day, sophisticated and urban mood, Norman Foster architect, contemporary office, ultra detail, V-Ray, 8K, --ar 16:9（全景，高角度，城市景观，混凝土，玻璃，大型艺术，单色调，背光照明，顶层位置，一天中的日落时间，丰富的都市感，诺曼·福斯特建筑师，当代办公室，超细节，V-Ray，8K，宽高比为 16：9）

Midjourney 生成的顶层办公楼图如图 5-96 所示。

图 5-96

2. 工业现代风格的办公空间

我们在 Prompt 中加入“Renzo Piano”（伦佐·皮亚诺）。他是一位著名的意大利建筑师，设计了很多办公空间。伦佐·皮亚诺的办公空间设计注重开放性和交流性，使员工更加容易交流和协作。我们可以继续在 Prompt 中加入“open plan office”（开放式办公室）。开放式办公室是一种工作场所的形式，它的特点是将办公空间打通，消除隔断，打造出开放、自由、高效的工作环境。

Prompt: backward shot, high angle, workstations, metal, plastic, supplies and electronics, bright color palette, fluorescent lighting, open plan office, afternoon time of day, energetic and dynamic mood, Renzo Piano architect, industrial typology, ultra detail, V-Ray, 8K, --ar 16:9（向

后拍摄，高角度，工作站，金属，塑料，用品和电子产品，明亮的色调，荧光照明，开放式办公室，一天中的下午时间，充满活力的氛围，伦佐・皮亚诺建筑师，工业类型，超细节，V-Ray，8K 分辨率，宽高比为 16：9）

Midjourney 生成的开放式办公室图如图 5-97 所示。

图 5-97

会议室是一个重要的办公空间。我们通常希望有一个温暖的现代会议室。

在视角选择上，我们使用向上拍摄（upward shot）能够突出室内装饰的细节，如壁画、天花板上的吊灯等。

Richard Meier（理查德・迈耶）是一位美国著名的建筑师，设计的会议室具有简约、明亮和开放的设计风格。为了渲染氛围，我们在 Prompt 中加入“luxurious and elegant mood”（奢华和优雅的氛围）。

同时，我们加入描述建筑空间细节的 Prompt，如“ceiling”（天花板）、“plaster”（石膏）、“lighting fixtures”（照明设备）、“chandeliers and beams”（吊灯和横梁），让空间的细节更加丰富。

Prompt: upward shot, eye-level, ceiling, plaster, lighting fixtures, chandeliers and beams, white and gold color palette, recessed lighting, boardroom location, evening time of day, luxurious and elegant mood, Richard Meier architect, contemporary typology, ultra detail, V-Ray,

8K, --ar 16:9（向上拍摄，视线水平，天花板，石膏，照明设备，吊灯和横梁，白色和金色的色调，嵌入式照明，会议室的位置，一天中的晚上，奢华和优雅的氛围，理查德·迈耶建筑师，当代类型，超细节，V-Ray，8K 分辨率，宽高比为 16：9）

Midjourney 生成的会议室图如图 5-98 所示。

图 5-98

小结

本节介绍了如何生成具有不同风格、空间和氛围的办公建筑，以及设计办公空间的著名建筑师，如诺曼·福斯特、伦佐·皮亚诺和理查德·迈耶。本节还介绍了如何生成这些建筑师风格的效果图。

5.5.5 室内家居

1. 古典陈列室

我们之前介绍了很多现代建筑的室内与室外表达，接下来介绍古典陈列室的室内表达。

我们在 Prompt 中加入“traditional”（传统的）、“historical building”（传统建筑）来表达陈列室的时代特点。光滑的亚光墙（smooth, matte walls）可以营造一个舒缓和放松的氛围。它提供了一个不太引人注目的空间氛围，使人更容易放松和休息。同时，我们可以在

Prompt 中加入“large sculpture”（大型雕塑）与“intricate molding”（复杂的造型）来表达古典陈列品，加入“classic and elegant”（经典和优雅）来强调古典与优雅的空间氛围。另外，在古典陈列室设计中，中性色搭配跳跃色（neutrals with pops of color）的设计风格可以营造出独特且充满趣味的氛围。可以以中性色调（neutrals）（如白色、米色、灰色、棕色等）作为主色调。这些颜色可以创造出一个稳定、均衡的基调，并使其他颜色显得更突出。

同时，中性色与鲜艳的跳跃色（pops of color），如粉红色、蓝色、黄色等相结合，可以让空间的视觉效果更好，并且增加趣味性。这些颜色可以作为装饰品、织物和其他小物件的色彩亮点。

Prompt: traditional, eye-level, large sculpture, smooth, matte walls, intricate molding, neutrals with pops of color, soft, ambient, historical building, daytime, classic and elegant, fine art, ultra detail, V-Ray, 8K, --ar 16:9（传统的，视线水平，大型雕塑，光滑的亚光墙，复杂的造型，中性色搭配跳跃色，柔和，环境，传统建筑，白天，经典和优雅，艺术品，超细节，V-Ray，8K 分辨率，宽高比为 16：9）

Midjourney 生成的古典陈列室图如图 5-99 所示。

图 5-99

2. 温暖的乡村家庭入口

除了设计非常华丽的空间，我们也可以使用 Midjourney 进行家庭室内设计。

我们选取家庭入口处的桌子台面（entryway with console table）作为绘制的空间的主体。桌子一般是进入家里后看到的第一个家具。在视角上，我们选取低角度（low angle）。同时，我们加上编织篮、台灯、装饰品、墙面艺术、花纹地毯、头顶吊灯（woven basket, table lamp, decorative objects, wall art, patterned rug, overhead pendant light）等家庭物件来充实空间的氛围感。在材质方面，我们倾向于选择能给人带来温暖的自然的木质色调（natural wood tones）。在时间方面，我们选择下午晚些时候（late afternoon）。这时正好是下班回家，阳光照射进房间的时候。所以，我们在 Prompt 中加入“natural light from window”（从窗户照进来的自然光）描述光线。贾斯汀娜 · 布莱尼克（Justina Blakeney）是一位知名的室内设计师和艺术家，她的设计风格被称为“新波西米亚风格”，融合了各种文化元素、鲜艳的颜色、大胆的图案和自然的材质。

Prompt: entryway with console table, low angle, from floor, woven basket, table lamp, decorative objects, wall art, patterned rug, natural wood tones, black, overhead pendant light, natural light from window, industrial loft, late afternoon, welcoming, Justina Blakeney, eclectic, ultra detail, V-Ray, 8K, --ar 16:9（入口处的桌子台面，低角度，从地板上看，编织篮，台灯，装饰品，墙面艺术，花纹地毯，自然的木质色调，黑色，头顶吊灯，从窗户照进来的自然光，工业阁楼，下午晚些时候，欢迎，贾斯汀娜 · 布莱尼克，折中主义，超细节，V-Ray，8K 分辨率，宽高比为 16：9）

Midjourney 生成的图片如图 5-100 所示。

图 5-100

小结

本节介绍了如何使用 Midjourney 生成精美的室内家居图纸。除了使用著名建筑师的名字作为 Prompt，使用一些小众设计师的名字和他们的风格作为 Prompt，会得到意想不到的结果。

附　　录

附录 A　Midjourney 的命令

命令出现在对话框的开头，规定了后面的内容所触发的业务逻辑种类。

Midjourney 的命令见附表 A-1。

附表 A-1

命令	功能	示例
/ask	问 Midjourney 机器人一个问题	/ask question:How to use MJ5?
/blend	将两张图片混合	/blend image1:img1.jpg image2: img2.jpg
/daily_theme	daily-theme 频道更新的通知提醒开关	/daily_theme participate:No
/docs	在 Midjourney Discord 官方服务器中使用，可以快速地生成指向用户指南中涵盖的主题的链接	/docs doc:Community Guidelines
/describe	根据上传的图片生成四组 Prompt	/describe image:img1.jpg
/faq	在 Midjourney Discord 官方服务器中使用，可以通过下拉菜单选择常见的问题，获取解答问题的答案	/fag<你点选的问题>
/fast	切换至快速模式	/fast
/help	显示 Midjourney 帮助页面	/help
/imagine	用文本生成图片	/imagine mansion with a swimming pool
/info	查看账户信息和排队或运行中的图片生成任务信息	/info
/stealth	切换到隐身模式（仅对专业版订阅者有效）	/stealth
/public	切换到公共模式	/public
/subscribe	生成用户个人账户的链接	/subscribe
/settings	查看并调整 Midjourney 机器人的设置	/settings
/prefer	创建或管理自定义选项	/prefer auto_dm
/prefer option set <name> <value>	创建一个自定义参数，可以快速地将多个参数添加到 Prompt 的末尾。用户最多可以设置 20 个自定义参数	/prefer option set mine --hd --ar 7:4
/prefer option list	列出使用“/prefer option set”命令创建的所有参数	/prefer option list
/prefer suffix	自动在所有 Prompt 后附加指定的后缀。使用该命令时，如果不指定任何值，就会将后缀重置	/prefer suffix --uplight --video
/show	使用图片生成任务的 ID 在 Midjourney 群组中重新生成任务结果	/show 42
/relax	切换到放松模式以节省 GPU 使用时间，仅对标准版和专业版订阅者有效	/relax
/prefer remix	切换到 Remix（混搭）模式	/prefer remix

附录 B　Emoji 反应

Midjourney 提供了一个有趣的用法，就是在已经生成的图片上加上表情符号（Emoji）。

点击图片生成任务结果右上角红框处的选项（如附图 B-1 所示），就可以打开一个 Emoji 界面，如附图 B-2 所示。

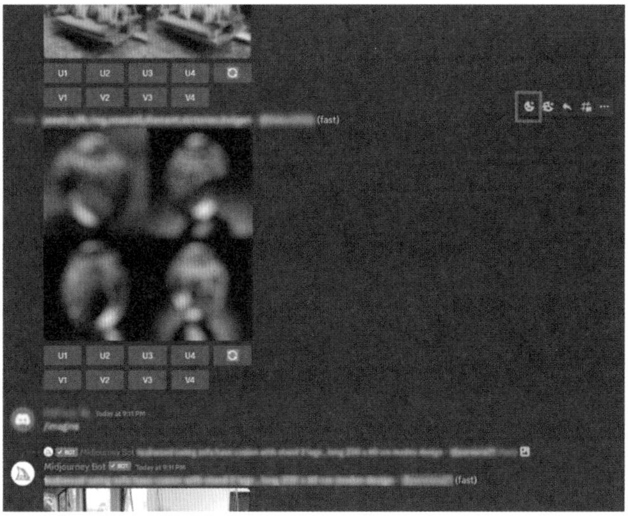

附图 B-1

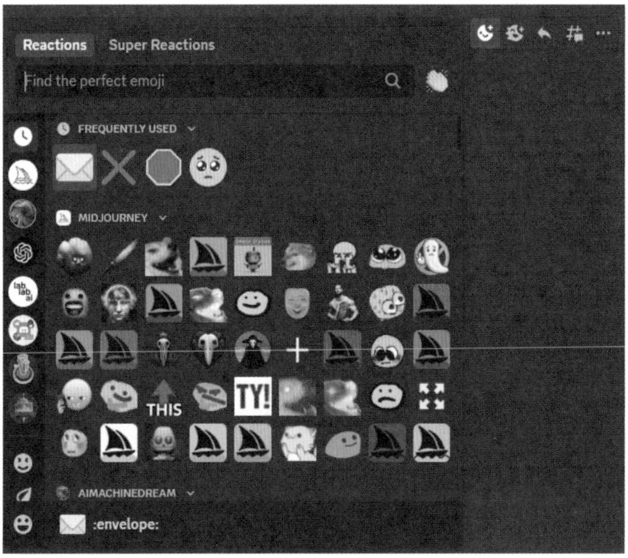

附图 B-2

点击要用的 Emoji，即可使用附表 B-1 所示的 Midjourney 功能。

附表 B-1

Emoji	功能	示例
✕	取消选定的图片生成任务，并将其从 Midjourney 网站上删除。如果想从 Midjourney 网站上删除一张图片，但在 Discord 群组中找不到该图片，那么可以先使用“/show”命令恢复该图片生成任务，再使用“✕”命令	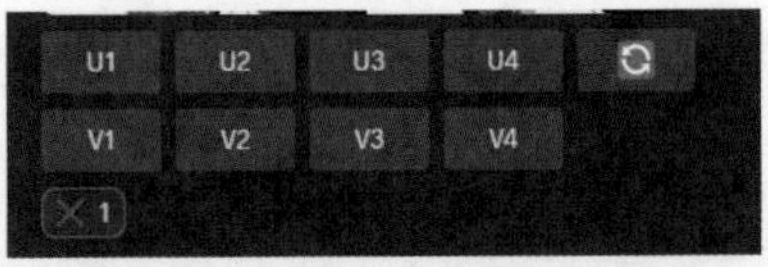
✉	发送已完成的图片生成任务至私信。私信中将包含图片的种子值和图片生成任务 ID。如果信封的表情符号用于图片网格，则网格将作为单独的图片发送	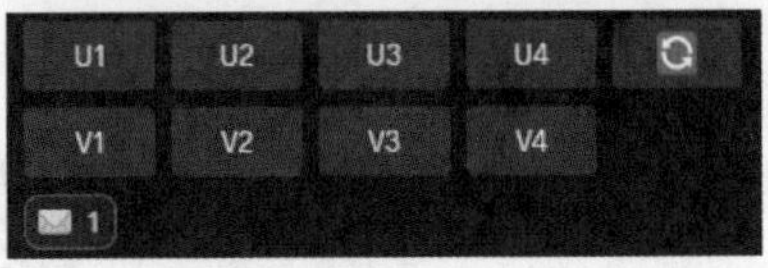

截至 2023 年 6 月，Midjourney 只支持以上两个 Emoji。

附录 C　Midjourney 的参数

参数通常出现在 Prompt 的末尾，在给定任务的情况下，选择不同的参数，可以得到不同的结果。Midjourney 的参数见附表 C-1。

附表 C1-1

参数	功能	示例
--aspect，或--ar	宽高比，用来规定生成的图片的宽高比	/imagine earth --ar 1:1
--chaos	改变结果的多样性。较大的值会生成更不寻常和意想不到的图片	/imagine earth --chaos 100
--no	反向提示词	/imagine earth --no water
--quality	更改生成图片所花费的时间。较大的值表示需要更长的处理时间，并产生更多的细节。较大的值还意味着每个图片生成任务使用的 GPU 使用时间更长，但是不影响分辨率	/imagine earth --quality 2
--seed	指定随机数种子值。使用相同的种子值和 Prompt，将生成相似的图片	/imagine earth --seed 42
--sameseed	在四张生成的图片中使用相同的随机数种子值，从而生成相似的图片	/imagine earth --sameseed
--stop	在这个参数后面加一个 10 ~ 100 的整数，可以让 Midjourney 生成图片的过程提前停止。数字越小，停止得越早。100 表示不提前。较早停止可以生成模糊度较高、细节较少的图片	/imagine earth --stop 90
--style	指定使用 4a、4b 或 4c 模型。初学者一般不用刻意配置	/imagine earth --style 4a
-- stylize	--stylize+数字或--s+数字参数影响 Midjourney 默认美学风格在图片生成任务中的应用强度。数字越大，画面受指定风格的影响越大。 在第 4 版和第 5 版模型中，取值范围为 0 ~ 1000 的整数，默认值为 100	/imagine earth --stylize 400

续表

参数	功能	示例
--uplight	轻度放大器，在 4 格图片界面选择“U”按钮时从使用默认放大器改为使用轻度放大器。输出 1024px ×1024px 的图片，结果更接近于原始图片，细节较少且更平滑，适合描绘面部和其他光滑表面	/imagine earth --uplight
--upbeta	贝塔放大器，在 4 格图片界面选择“U”按钮时从使用默认放大器改为使用贝塔放大器。输出 2048px ×2048px 的图片，结果更接近于原始图片，细节显著地比其他放大器少，适合描绘面部和其他光滑表面	/imagine earth --upbeta
--niji	使用专注于动漫风格图片的 Niji 模型	/imagine earth --niji
--test	使用测试模型	/imagine earth --test
--testp	使用 Midjourney 专注于摄影的测试模型	/imagine earth --testp
--creative	让测试模型和专注于摄影的测试模型生成的图片更加多样化和富有创意	/imagine earth --testp --creative
--upanime	在选择“U”按钮时使用动漫风格的专属放大器，需要与 Niji 模型配合使用	/imagine earth --upanime
--iw	在有图文混合 Prompt 的时候使用，用来调整图片和文本权重的相对大小。这个值越大，图片占的权重就越大。 在第 5 版模型中，默认值为 1，取值范围为 0.5～2	/imagine http://www.xx.com/xx/xxx.jpg earth --iw 0.5
--video	保存视频。这个参数需要与✉Emoji 一起使用，作用是将生成图片的中间过程整理成一段视频，用私信发送给用户	/imagine earth --video
--repeat 或 --r	多次运行图片生成任务。将 --repeat 与其他参数（如 --chaos）结合使用，可以提高迭代 Prompt 的效率	/imagine earth --repeat 3